刘 宋
敏 鼎

秒认 公园常见花木

（北方卷）

中国农业出版社
北 京

图书在版编目（CIP）数据

秒认公园常见花木. 北方卷/宋鼎，刘敏主编. —北京：中国农业出版社，2019.5
ISBN 978-7-109-25050-5

Ⅰ.①秒… Ⅱ.①宋… ②刘… Ⅲ.①植物-普及读物 Ⅳ.①Q94-49

中国版本图书馆CIP数据核字（2018）第285033号
MIAOREN GONGYUAN CHANGJIAN HUAMU. BEIFANGJUAN

中国农业出版社出版
（北京市朝阳区麦子店街18号楼）
（邮政编码 100125）
责任编辑 黄 曦 丁瑞华

北京中科印刷有限公司印刷 新华书店北京发行所发行
2019年5月第1版 2019年5月北京第1次印刷

开本：889mm × 1194mm 1/48 印张：9.25
字数：210 千字
定价：56.00 元

前言

我国植物资源十分丰富，约有高等植物3万余种，是当之无愧的“世界园林之母”。奇花异草更是数不胜数，再加上外来的园林植物，可称得上是异彩纷呈，让人目不暇接。全国公园用园林植物约有近万种，如果加上近年来大量涌现的园艺品种，数量更是可观。

一座稍大型的公园，应用园林植物通常有上百甚至几百种之多。面对如此浩瀚的植物世界，识别这些植物，对于园林和植物专业人士来说尚且不易，更何况一般的植物爱好者。加上植物的花果期通常较短，想通过花果来进行植物识别受到种种客观条件限制，且花果通常结构复杂，对

于非专业人士来说辨认起来存在不小困难。另外，读者们还会有其他需要解决的问题，如这些植物有哪些常见的名字，属于哪个科哪个属，有什么特征，如何辨识(特别是在没有花果的时候)，主要生长在哪里，关于这种植物有哪些有趣的知识和故事？

为了回应读者们的需求，经过多年系统地考察和经验积累，我们编写了这套书，根据南方与北方花木差异，从数不胜数的公园花木中精选400多种（南方与北方各200种左右）最常见，且应用最广泛的种类分南方卷、北方卷两册分别进行介绍。每种花木分“植物小档案”和

“植物情报局”两部分进行介绍。“植物小档案”又分为“植物‘名牌’”——列出该种植物常用名、常见别名和科属；“一眼认识你”系统介绍了这种花木的形态特征和花果期；“生于何方”介绍了这种公园花木的分布情况，包含国内各地区，部分还包括国外的分布情况。“植物情报局”以问答的形式介绍了2～5个与这种花木有关的有趣知识和故事，例如名字的由来，以及对有没有毒，有哪些寓意，可以入药吗，可以吃吗，有哪些营养价值，有哪些经济价值，与相似种如何区分，有哪些传说和故事，园林上如何使用，如何繁殖，是不是珍稀濒危植物，有哪些特殊之处等问题的解答。同时每种花木配了2～5张本种及园艺品种或近似种的图片，便于读者看图识别。

本书尝试将花木按叶片形状进行分类检索，系统地将植物分为单叶和复叶两部分共18种形态。将单叶分为叶顶端有裂、叶多种形态、叶鳞形、叶卵形全缘、叶卵形有齿、叶披针形、叶匙形、叶特殊形态、叶条形、叶心形、叶羽状深裂、叶圆形、叶针形、叶钻形14种。复叶分为单身复叶、叶偶数羽状、叶奇数羽状、叶掌状4种形态，方便读者查阅。叶片形态如下图所示：

（彭树芳/绘）

本书可供园林、园艺、植物、花卉相关专业师生及研究人员、工作者与植物爱好者使用。不足之处，敬请批评指正。

编　者
2018.9

目录

叶多种形态／032

叶鳞形／052

叶卵形全缘／062

叶披针形／228

叶匙形／268

第二部分

复叶

第一部分

单叶

叶顶端有裂

鸡爪槭

植物小档案

植物“名牌”：鸡爪槭（别名鸡爪枫、槭树），槭树科槭树属。

一眼认识你：落叶小乔木。树冠伞形。树皮平滑，深灰色。小枝紫或淡紫绿色，老枝淡灰紫色。叶近圆形，基部心形或近心形，掌状，常7深裂，密生尖锯齿。后叶开花，花紫色，杂性，雄花与两性花同株，伞房花序。萼片卵状披针形；花瓣椭圆形或倒卵形。幼果紫红色，熟后褐黄色，果核球形，脉纹显著，两翅成钝角。花果期5～9月。

生于何方：产于中国山东、河南南部、江苏、浙江、安徽、江西、湖北、湖南、贵州等省。生于海拔200～1200米的林边或疏林中。朝鲜和日本也有分布。

植物情报局

A 鸡爪槭在园林绿化中如何应用？

鸡爪槭可作行道和观赏树栽植，是较好的四季绿化树种。鸡爪槭是园林中名贵的观赏乡土树种。在园林绿化中，常用不同品种配植在一起，形成色彩斑斓的槭树园；也可在常绿树丛中杂以槭类品种，营造“万绿丛中一点红”景观；植于山麓、池畔，以显其潇洒、婆娑的绰约风姿；配以山石则具古雅之趣。另外，还可植于花坛中作主景树，植于园门两侧，建筑物角隅，装点风景；以盆栽的形态用于室内美化，也极为雅致。

近似种：红枫

B 鸡爪槭有哪些变种？

该种在各国早已被引种栽培，变种和变型很多，其中红枫和羽毛枫均在中国东南沿海各省庭园中广泛栽培。

近似种：羽毛枫

C 红枫和鸡爪槭怎样区别？

红枫的枝干为红褐色，鸡爪槭的枝干为绿色；鸡爪槭叶片的裂片长超过全长之半，但不深达基部，而红枫的裂片裂得更深，几乎达到基部；鸡爪槭春天和夏天叶子是绿色的，等到秋天变红，冬天就落叶了，而红枫春夏秋都是红色的，冬天也是落叶的。一般来说，正常的鸡爪槭树形比红枫要舒展。

叶顶端有裂

金鸡菊

植物“名牌”：金鸡菊（别名小波斯菊、金钱菊），菊科金鸡菊属。

一眼认识你：多年生宿根草本植物。叶片多对生，稀互生、全缘、浅裂或切裂。花单生或疏圆锥花序，总苞两列，每列3枚，基部合生。舌状花1列，宽舌状，呈黄、棕或粉色。管状花黄色至褐色。

生于何方：原产美国南部，为早期外来物种之一，曾经在河南等部分地区小规模爆发。

这种植物在园林绿化中有什么应用价值？

金鸡菊枝叶密集，尤其在冬季，幼叶萌生，鲜绿成片。春夏之间，花大色艳，常开不绝。此外，它还能自行繁衍，是极好的疏林地被。可观叶，也可观花。在屋顶绿化中作覆盖材料效果极好，还可作花境材料。

B 金鸡菊有何功效？

金鸡菊药用价值不大，但也不可忽视。其味甘、辛、苦，性微寒，入肝、肺经，有助疏散风热之功效，多用于外感风热或温病初起，表现为发热、头痛、咳嗽、咽红及肝阳上亢之眩晕，无论寒热均可应用。金鸡菊还有清热解毒作用，可用于疮疖肿毒，水煎服。但气虚胃寒、食少泄泻者宜慎用。

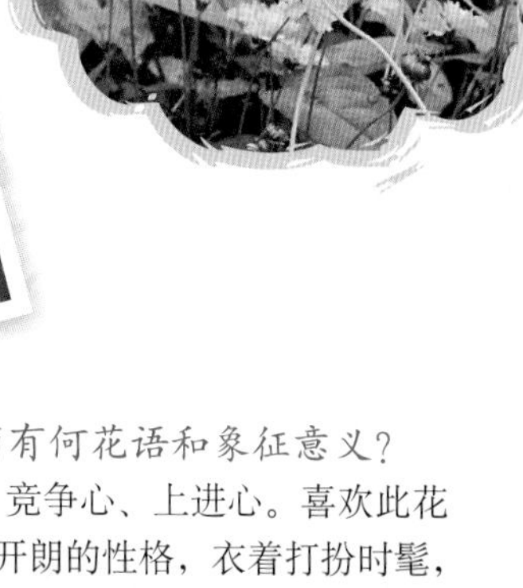

C 金鸡菊有何花语和象征意义？

花语：竞争心、上进心。喜欢此花的人有活泼开朗的性格，衣着打扮时髦，经常走在潮流的尖端。虽然外表引人注意，出尽风头，但是缺乏个人风格，需要多花一点心思，为自己树立好的形象，别再模仿跟潮流了。此外，金鸡菊还有金鸡报晓、闻鸡起舞之意，表达的是祥瑞的寓意和对勤奋的赞美。

叶顶端有裂

刺楸

植物小档案

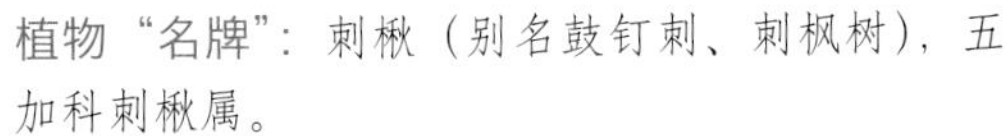

植物“名牌”：刺楸（别名鼓钉刺、刺枫树），五加科刺楸属。

一眼认识你：落叶乔木，高约10米，最高可达30米，胸径达70厘米以上，树皮暗灰棕色。小枝淡黄棕色或灰棕色，散生粗刺。叶片纸质，在长枝上互生，在短枝上簇生，圆形或近圆形，直径9～25厘米，稀达35厘米，掌状5～7浅裂，裂片阔三角状卵形至长圆状卵形，长不及全叶片的1/2，茁壮枝上的叶片分裂较深，裂片长超过全叶片的1/2，先端渐尖，基部心形。圆锥花序大，伞形花序直径1～2.5厘米，有花多数，花白色或淡绿黄色。果实球形，直径约5毫米，蓝黑色。宿存花柱长2毫米。花期7～10月，果期9～12月。

生于何方：中国分布广，北自东北地区起，南至广东、广西、云南，西自四川西部，东至海滨的广大区域内均有分布。垂直分布于海拔数十米至千余米，在云南可达2500米处，通常数百米的低丘陵处较多。此外，朝鲜、俄罗斯和日本也有分布。

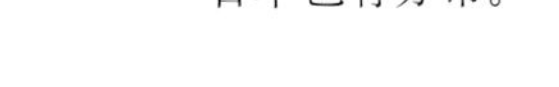

植物情报局

Y 这种植物有什么价值?

刺楸春季的嫩叶采摘后可供食用，气味清香、品质极佳，是美味的野菜，在我国的东北地区和朝鲜、韩国、日本有着很高的知名度；刺楸树根、树皮可入药，有清热解毒、消炎祛痰、镇痛等功效。

B 这种植物在园林绿化中有什么应用价值?

刺楸叶形美观，叶色浓绿，树干通直挺拔，满身的硬刺在诸多园林树木中独树一帜，既能体现出粗犷的野趣，又能防止人或动物攀爬破坏，适合作行道树或园林配植。

C 刺楸有毒吗?

刺楸是有毒植物，其毒性物质对小鼠腹腔注射后，小鼠出现活动减少、眼睑下垂、四肢无力、翻正反射消失、呼吸抑制最后死亡的情况，从其心材中分离出一种皂苷，杀白蚁作用强。刺楸对人而言有小毒，所以体弱过敏者食用刺楸嫩叶要谨慎。

叶顶端有裂

二球悬铃木

植物小档案

植物“名牌”：二球悬铃木（别名英国梧桐、槭叶悬铃木），悬铃木科悬铃木属。

一眼认识你：落叶大乔木，高30余米，树皮光滑，嫩枝密生灰黄色茸毛，老枝秃净呈红褐色。叶阔卵形，中央裂片阔三角形，宽度与长度约相等；花通常4数。雄花的萼片卵形，被毛；花瓣矩圆形，长为萼片的2倍。雄蕊比花瓣长，盾形药隔有毛。果枝有头状果序常下垂。头状果序直径约2.5厘米，宿存花柱长2 ~ 3毫米，刺状，坚果之间无突出的茸毛，或有极短的毛，花期4 ~ 5月，果熟期9 ~ 10月。

生于何方：二球悬铃木原产欧洲，现广植于全世界。中国东北地区、北京以南各地均有栽培，尤以长江中、下游各城市为多见，在新疆北部伊犁河谷地带亦可生长。

植物情报局

二球悬铃木为什么被称为“行道树之王”？

二球悬铃木生长速度快、主干高大、分枝能力强、树冠广阔，夏季具有很好的遮阴降温效果，并有滞积灰尘、吸收硫化氢、二氧化硫、氯气等有毒气体的作用，作为街坊、厂矿绿化颇为合适。同时具有适应性广、生长快、繁殖与栽培比较容易等优点，已作为园林植物广植于世界各地，被称为“行道树之王”。

B 悬铃木作为园林绿化树种有哪些劣势?

成年植株会大量开花、结果，每年春夏季节形成大量的花粉，同时上年的球果开裂、产生大量的果毛。据统计，一株10年生、胸径为10厘米的悬铃木，每年可结200 ~ 400个球果，而每个球果均可产生200万~ 500万根左右的果毛，这些漂浮于空中的花粉和果毛容易进入人们的呼吸道，引起部分人群发生过敏反应，引发鼻炎、咽炎、支气管炎症、哮喘病等诸多病症。

C 为什么大多数悬铃木被称为“法国梧桐”是误会?

其实大部分栽培的悬铃木都是二球，是英国梧桐。悬铃木根据有几个果子长在一起可以分为一球悬铃木，二球悬铃木和三球悬铃木，一球俗称“美国梧桐”，二球俗称“英国梧桐”，三球才是大家叫惯了的“法国梧桐”。老大一球产自美洲，所以叫美洲梧桐或者美国梧桐，但老幺三球可并非来自法国，它起源于印度，这哥俩一杂交就成了二球。在中国二球种植广泛，所以以后大家在路上看到俩球的悬铃木尽可以放心称它“英国梧桐”了。

叶顶端有裂

孔雀草

植物“名牌”：孔雀草（别名小万寿菊、臭菊花），菊科万寿菊属。

一眼认识你：一年生草本植物。高30～100厘米，茎直立，通常近基部分枝，分枝斜开展。叶羽状分裂，长2～9厘米，宽1.5～3厘米，裂片线状披针形，边缘有锯齿，齿端常有长细芒，齿的基部通常有1个腺体。头状花序单生，径3.5～4厘米，花序梗长5～6.5厘米，顶端稍增粗；总苞长1.5厘米，宽0.7厘米，长椭圆形，上端具锐齿，有腺点；舌状花金黄色或橙色，带有红色斑；舌片近圆形长8～10毫米，宽6～7毫米，顶端微凹；管状花花冠黄色，长10～14毫米，与冠毛等长，具5齿裂。花期7～9月。瘦果线形，基部缩小，长8～12毫米，黑色，被短柔毛，冠毛鳞片状，其中1～2个长芒状，2～3个短而钝。

生于何方：原产墨西哥，中国各地庭园常有栽培。在云南中部及西北部、四川中部和西南部及贵州西部均已归化。

植物情报局

Y 这种植物在园林绿化中有什么应用价值?

孔雀草花色有红褐、黄褐、淡黄、杂紫红色斑点等。花形与万寿菊相似，但较小朵而繁多，黄澄澄的花朵布满梢头，显得绚丽可爱，孔雀草有很好的观赏价值，花期从“五一”一直开到“十一”，最宜作花坛边缘材料或花丛、花境等栽植，也可盆栽和作切花。

B 这种植物有何药用价值?

孔雀草花叶可以入药，有清热化痰、补血通经的功效。能治疗百日咳、气管炎、感冒。俄罗斯高加索地区居民常食用孔雀草，认为此植物有延年益寿之效。

C 孔雀草的花语是什么?

花语：爽朗、活泼，总是兴高采烈。孔雀草原本有一个俗称叫“太阳花”，后来被向日葵“抢去”这名称。它的花朵也有日出开花、日落紧闭的习性，而且以向旋光性方式生长。因此它的花语是“晴朗的天气”，引申为“爽朗、活泼”。

D 孔雀草和万寿菊如何区别?

孔雀草花相对较小，花径约3 ~ 5厘米；万寿菊花6 ~ 8厘米。另外就是叶片方面，孔雀草相对也较小，此外，孔雀草花瓣上通常有红色斑块，万寿菊一般没有。

叶顶端有裂

欧洲荚蒾

植物“名牌”：欧洲荚蒾（别名欧洲琼花、雪球），忍冬科荚蒾属。

一眼认识你：落叶灌木。高达1.5～4米。叶轮廓圆卵形至广卵形或倒卵形，长6～12厘米，通常3裂，具掌状3出脉，基部圆形、截形或浅心形，无毛，裂片顶端渐尖，边缘具不整齐粗齿，侧裂片略向外开展。复伞形式聚伞花序直径5～10厘米，大多周围有大型的不孕花，总花梗粗壮，长2～5厘米，无毛，第一级辐射枝6～8条，通常7条，花生于第二至第三级辐射枝上；花冠白色，辐状，裂片近圆形，长约1毫米；大小稍不等，筒与裂片几等长，内被长柔毛；雄蕊长至少为花冠的1.5倍，花药黄白色，长不到1毫米；花柱不存，柱头2裂；不孕花白色，直径1.3～2.5厘米，有长梗，裂片宽倒卵形，顶圆形，不等形。果实红色，近圆形。花期5～6月，果熟期9～10月。

生于何方：分布于中国新疆西北部。欧洲一些地区、俄罗斯高加索与远东地区亦有分布。生于河谷云杉林下，海拔1000～1600米处。

植物情报局

A 这种植物在园林绿化中有什么应用价值？

欧洲荚蒾花期较长，花白色清雅，适合于疗养院、医院、学校等地方栽植；花序繁密，大型不孕花环绕整个复伞花序，整体形状独特。叶浓密，内膛饱满，可栽植于乔木下做下层花灌木；观叶期约200天，叶色随季节有变化，增加绿地色彩。果似樱桃，每个花序所结果量据栽培条件不等，有的多达30个左右，果小量大，红艳诱人，给人以强烈视觉冲击力，能形成园林观赏的视觉焦点。茎枝不用修剪自然成形，能减少园林绿化成本。四季皆有景，是一种开发价值很高的野生观赏植物。

B 欧洲荚蒾有何药用价值？

根皮、嫩枝：苦，平。可清热凉血，消肿止痛，镇咳止泻。

C 欧洲荚蒾有何生态习性？

欧洲荚蒾喜光，耐寒、抗旱，繁殖容易，为阳性树种，稍耐阴，喜湿润空气，喜疏松肥沃、湿润富含有机质的土壤。但干旱气候亦能生长发育良好，耐轻度盐碱，病虫害少，抗性和适应性均强，可耐-35℃低温。

近似种：木绣球

叶顶端有裂

三角槭

植物小档案

植物“名牌”：三角槭（别名三角枫、山波罗），槭树科槭树属。

一眼认识你：落叶乔木。高5～10米，少数能长到20米。树皮褐色或深褐色，粗糙。叶纸质，基部近于圆形或楔形，外貌椭圆形或倒卵形，长6～10厘米，通常浅3裂，裂片向前延伸，少数为全缘，中央裂片三角卵形，急尖、锐尖或短渐尖。花多数常成顶生，被短柔毛的伞房花序，直径约3厘米，总花梗长1.5～2厘米，开花在叶长大以后；萼片5，黄绿色；花瓣5，淡黄色。翅果黄褐色。花期4月，果期8月。

生于何方：产于中国山东、河南、江苏、浙江、安徽、江西、湖北、湖南、贵州和广东等省。日本也有分布。

Q 三角槭有何药用价值？

A 祛风除湿，舒筋活血。用于风湿痹痛、跌打骨折、皮肤湿疹、疝气。

Q 这种植物在园林绿化中有什么应用价值？

A 三角槭枝叶浓密，夏季浓荫覆地，入秋叶色变成暗红，秀色可餐。宜孤植、丛植作庭荫树，也可作行道树及护岸树。在湖岸、溪边、谷地、草坪配植，或点缀于亭廊、山石间都很合适。其老桩常制成盆景，主干扭曲隆起，颇为奇特。此外，江南一带有栽作绿篱者，年久后枝条劈刺连接密合，也别具风味。

近似种：金沙槭

Q 三角槭和金沙槭有何区别？

A 三角槭为落叶乔木，金沙槭不落叶。近年来，金沙槭在中国云南园林也开始有少量应用。

叶顶端有裂

山里红

植物小档案

植物“名牌”：山里红（别名红果、大山楂），蔷薇科山楂属。

一眼认识你：落叶小乔木，树皮暗灰色，有浅黄色皮孔，小枝紫褐色，单叶互生或于短枝上簇生，叶片宽卵形，伞房花序，花白色，后期变粉红色，果实球形，熟后深红色，表面具淡色小斑点。花期5～6月，果期7～10月。

生于何方：产于中国黑龙江、吉林、辽宁、内蒙古、河北、河南、山东、山西、陕西、江苏。生于山坡林边或灌木丛中。海拔100～1500米。朝鲜和俄罗斯西伯利亚也有分布。

A 这种植物在园林绿化中有什么应用价值？

山里红耐寒，生命力强，经定植后4 ~ 5年就开始结果，结出无数球形、梨形的小果实，肉厚皮红，满山遍野的绿色树丛中悬挂着红艳艳的小果实，十分艳丽，因此，它又有“红果”的别名。

B 山里红和山楂有何区别？

山里红和山楂有相像之处，但不一样。山里红叶片较小，羽裂较深。山楂个头通常较山里红更小，果肉淡黄色，鲜有红色，山里红果肉通常为淡红至深紫色。山楂果柄短粗，山里红果柄细长。山楂味道极酸，山里红有酸、甜不同品种。

C 山里红有何保健功效？

山里红味酸、甘，性微温，能消导食积、化瘀散滞、补脾胃、活血行气。主治消化不良、胃酸缺乏症、腹泻、痢疾、慢性结肠炎、瘀血痛、月经痛、心绞痛、高血压症等。

叶顶端有裂

山楂

植物小档案

植物“名牌”：山楂（别名山里果、山里红），蔷薇科山楂属。

一眼认识你：落叶乔木。树皮粗糙，呈暗灰色或灰褐色；刺长约1～2厘米，有时无刺。叶片宽卵形或三角状卵形，稀菱状卵形。伞房花序具多花，直径4～6厘米，总花梗和花梗均被柔毛，花后脱落，减少，花梗长4～7毫米。花直径约1.5厘米，萼筒钟状，长4～5毫米，外面密被灰白色柔毛。萼片三角卵形至披针形，先端渐尖，全缘，约与萼筒等长，内外两面均无毛，或在内面顶端有髯毛。花瓣倒卵形或近圆形，长7～8毫米，宽5～6毫米，白色。果实近球形或梨形，直径1～1.5厘米，深红色，有浅色斑点。小核3～5，外面稍具棱，内面两侧平滑；萼片脱落很迟，先端留一圆形深洼。花期5～6月，果期9～10月。

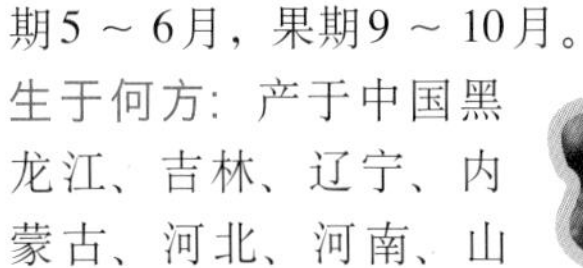

生于何方：产于中国黑龙江、吉林、辽宁、内蒙古、河北、河南、山东、山西、陕西、江苏。朝鲜和俄罗斯西伯利亚也有分布。

植物情报局

山楂为何不能空腹吃？

山楂味酸，加热后会变得更酸，食用后应立即刷牙，否则不利于牙齿健康。牙齿怕酸的人如果怕倒牙，可以吃酸味没那么强烈的山楂制品。山楂不能空腹吃，山楂含有大量的有机酸、果酸、山楂酸、枸橼酸等，空腹食用，会使胃酸猛增，对胃黏膜造成不良刺激，使胃发胀满、泛酸，若在空腹时食用会增强饥饿感并加重原有的胃痛症状。

这种植物在园林绿化中有什么应用价值？

在我国，果树在园林绿化的应用已经有很久的历史，全国很多地区都将山楂作为绿化树种，但数量及面积并不大，近几年来，山楂越来越多地被应用到园林绿化中，上海等地还引进了国外的观赏山楂进行试验。山楂可对植到非主干道两侧，形成特色长廊，进而形成区域特色。山楂可群植或丛植在公园内，形成主题区域，营造浪漫情境；山楂盆景可置于办公场所前，既不失庄重又增添一份生机盎然。总之，山楂作为兼具观花、观叶及观果的树种，有着极强的适应性，有着较高的社会价值和经济价值，在园林绿化上的应用前景广阔。

山楂有何药用价值？

山楂作用于心血管系统的研究较多，从山楂核中提取的熊果酸，可明显调节动物血脂，预防动脉粥样硬化。用山楂和沙棘提取的混合液喂大鼠，对改善体内脂质代谢有协调作用。山楂黄酮、山楂三萜酸等成分具有增加心输出量、抗心肌疲劳、维护血压正常等作用。此外，山楂还有一定的抗菌和止咳平喘功能。

叶顶端有裂

无花果

植物“名牌”：无花果（别名优昙钵、蜜果），桑科榕属。

一眼认识你：落叶灌木。高3～10米，多分枝。叶互生，厚纸质，广卵圆形，长宽近相等，10～20厘米，通常3～5裂，小裂片卵形，边缘具不规则钝齿，表面粗糙色。雌雄异株，雄花和瘿花同生于一榕果内壁，雄花生内壁口部，花被片4～5，雄蕊3，有时1或5，瘿花花柱侧生，短。雌花花被与雄花同。榕果单生叶腋，大，呈梨形，直径3～5厘米，顶部下陷，成熟时紫红色或黄色。花果期5～7月。

生于何方：原产地中海沿岸。分布于土耳其至阿富汗。唐代即从波斯传入中国，现国内南北均有栽培，新疆南部尤多。

植物情报局

这种植物在园林绿化中有什么应用价值？

无花果树姿优雅，是庭院、公园的观赏树木，一般不用农药，是一种纯天然无公害树木。其叶片大，呈掌状裂，叶面粗糙，具有良好的吸尘效果，如与其他植物配植在一起，还可以形成良好的防噪声屏障。无花果树能抵抗一般植物不能忍受的有毒气体和大气污染，是化工污染区绿化的好树种。此外，无花果适应性强，抗风、耐旱、耐盐碱，在干旱的沙荒地区栽植，可以起到防风固沙、绿化荒滩的作用。

B 无花果有何药用价值？

可健胃清肠，消肿解毒。

C 无花果在宗教文化中有何象征意义？

佛教与印度教的经书有时会用“无花果树里寻花”来形容一件没意义、没可能的事情，或一件不存在的事物。无花果之花亦可形容极为罕有的事物。

叶顶端有裂

梧桐

植物小档案

植物“名牌”：梧桐（别名青桐、桐麻），梧桐科梧桐属。

一眼认识你：落叶乔木，高达15～20米，胸径50厘米；树干挺直，光洁，分枝高；树皮绿色或灰绿色，平滑，常不裂。叶大，阔卵形，宽10～22厘米，长10～21厘米，3～5裂至中部，长比宽略短，基部截形、阔心形或稍呈楔形，裂片宽三角形，边缘有数个粗大锯齿。圆锥花序长约20厘米，被短茸毛；花单性，无花瓣。蓇葖果，在成熟前即裂开，纸质，长7～9.5厘米。花期为5月，果期9～10月。

生于何方：原产中国和日本。中国华北至华南、西南广泛栽培，尤以长江流域为多。

植物情报局

A 这种植物在园林绿化中有什么应用价值？

梧桐为普通的行道树及庭园绿化观赏树。点缀于庭园、宅前，也种植作行道树。叶掌状，裂缺如花。夏季开花，雌雄同株，花小，淡黄绿色，圆锥花序顶生，盛开时显得鲜艳而明亮。

B 梧桐在中国传统文化有何象征意义？

梧桐在古诗中有象征高洁美好品格之意，古代有“栽桐引凤”之说。古代传说梧是雄树，桐是雌树，梧桐同长同老，同生同死，且梧桐枝干挺拔，根深叶茂，在诗人的笔下，成了忠贞爱情的象征。又因风吹落叶，雨滴梧桐，渲染了凄清景象，梧桐又成了文人笔下孤独忧愁、离情别恨的意象。

C 文学作品及典籍中提到过这种植物吗？

古时，梧桐有青桐、碧梧、青玉、庭梧之名。是我国有诗文记载的最早的著名树种之一。对梧桐一树的描绘，最早可见于先秦文献《诗经》《大雅·生民之什·卷阿》有“凤凰鸣矣，于彼高岗。梧桐生矣，于彼朝阳”之句，成为梧桐引凤凰传说的最早来历。说明在夏末周初，梧桐树就受到了当时人们的关注。其后的《尚书》《庄子》《吕氏春秋》等先秦文献均提及梧桐树。春秋吴王夫差建梧桐园，于园中植梧桐树。汉代梧桐树被植于皇家宫苑，《西京杂记》载“上林苑桐三，椅桐、梧桐、荆桐”“五柞宫西有青梧观，观前有三梧桐树”。

叶顶端有裂

五角枫

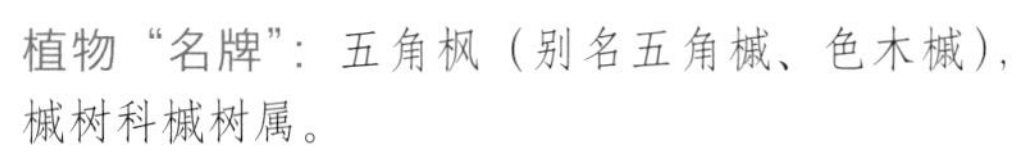

植物“名牌”：五角枫（别名五角槭、色木槭），槭树科槭树属。

一眼认识你：落叶乔木。高可达20米，胸径可达1米。树皮灰色或灰褐色。单叶，宽长圆形，叶上面暗绿色，无毛，下面淡绿色，叶柄较细，花较小，常组成顶生的伞房花序：萼片淡黄绿色，花瓣黄白色，子房平滑无毛，翅果近椭圆形。花果期5～9月。

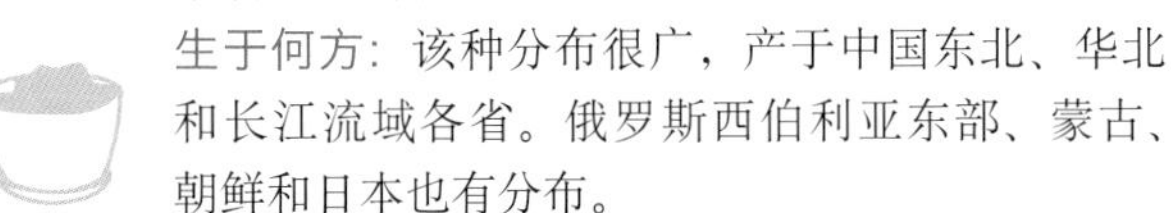

生于何方：该种分布很广，产于中国东北、华北和长江流域各省。俄罗斯西伯利亚东部、蒙古、朝鲜和日本也有分布。

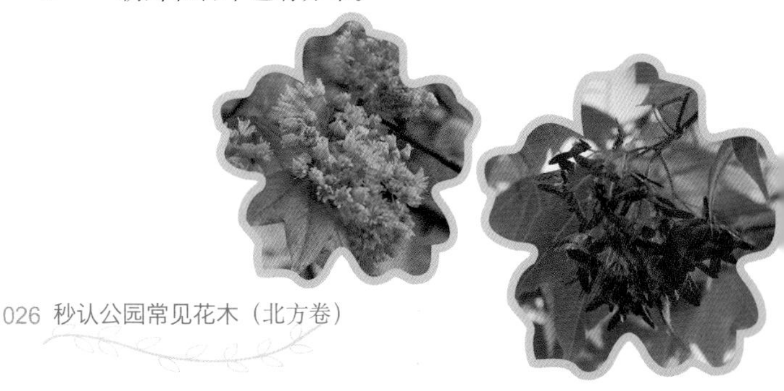

植物情报局

A 五角枫和元宝枫有何区别?

两者都是单叶对生，叶掌状裂，但元宝枫叶掌状五裂，有时中裂片又分二裂，裂片先端渐尖，叶基通常截形，稀心形，两面均无毛；而五角枫的叶掌状常为五裂，裂片宽三角形，全缘，两面无毛或仅背面脉叶有簇毛，网状脉两面明显隆起，基部常为心形。两者的果都是扁平的翅果，五角枫的果展开为钝角，长约为果核2倍，元宝枫的果两翅展开略成直角，果翅较宽等于或略长于果核，形似元宝。

B 这种植物在园林绿化中有什么应用价值?

能吸附烟尘及有害气体，分泌挥发性杀菌物质，净化空气。其树皮灰棕色或暗灰色，单叶对生，叶片五裂，花序顶生，花叶同放，树姿优美，叶色多变，是城乡优良的绿化树种。其树体含水量较大，而含油量较小，枯枝落叶分解较快，不易燃烧，也是理想的防火树种。

C 这种植物有何经济价值?

用途很多，树皮纤维良好，可作人造棉及造纸的原料，叶含鞣质，种子可榨油，可供工业方面的用途，也可作食用，木材细密。可用于建筑，也可供车辆、乐器和胶合板等制造之用。

叶顶端有裂

元宝槭

植物“名牌”：元宝槭（别名元宝枫、平基槭），槭树科槭树属。

一眼认识你：落叶乔木，高8～10米。树皮灰褐色或深褐色，深纵裂。小枝无毛，当年生枝绿色，多年生枝灰褐色，具圆形皮孔。冬芽小，卵圆形；鳞片锐尖，外侧微被短柔毛。叶纸质，长5～10厘米，宽8～12厘米，常5裂，稀7裂，基部截形，稀近于心脏形；裂片三角卵形或披针形，先端锐尖或尾状锐尖，边缘全缘，长3～5厘米，宽1.5～2厘米，有时中央裂片的上段再3裂；裂片间的凹缺锐尖或钝尖。花黄绿色，杂性，雄花与两性花同株，常成无毛的伞房花序；花瓣5，淡黄色或淡白色，长圆倒卵形。翅果嫩时淡绿色，成熟时淡黄色或淡褐色，常成下垂的伞房果序；小坚果压扁状；翅长圆形，两侧平行，宽8毫米，常与小坚果等长，少数会稍长，张开成锐角或钝角。花期为4月，果期为8月。

生于何方：产于中国吉林、辽宁、内蒙古、河北、山西、山东、江苏北部（徐州以北地区）、河南、陕西，及甘肃等省区。

植物情报局

这种植物在园林绿化中有什么应用价值?

元宝槭树形优美，枝叶浓密，秋色叶变色早，且持续时间长，多变为黄色、橙色及红色，园林片栽或山地丛植，给人一种“霜叶红于二月花”的美丽的秋林景色，是优良的观叶树种。在城市绿化中，适于建筑物附近、庭院及绿地内散植；在郊野公园利用坡地片植，也会收到较好的效果。

这种植物有何习性?

元宝槭为温带阳性树种，喜阳光充足的环境，但怕高温暴晒，又怕下午西射强光，稍耐阴。能抗－25℃左右的低温、耐旱，忌水涝；生长较慢。不择土壤且较耐移植，在北京地区盆栽埋盆可露地越冬。

元宝槭油能吃吗?

元宝槭油与通常食用的芝麻油和花生油的脂肪酸组成近似，可用于炒菜、煎炸食用。热榨的元宝槭油用作口服保健油，口感优于沙棘油，无异味。元宝槭油中脂溶性维生素含量丰富，维生素E含量很高，抗氧化性能好，比沙棘油、核桃油耐贮藏，具有极高的保健作用。

叶顶端有裂

梓

植物小档案

植物“名牌”：梓（别名花楸、水桐），紫葳科梓属

一眼认识你：落叶乔木。高达15米，树冠伞形，主干通直，嫩枝具稀疏柔毛。叶对生或近于对生，有时轮生，阔卵形，长宽近相等，长约25厘米，顶端渐尖，基部心形，全缘或浅波状，常3浅裂，叶片上面及下面均粗糙，微被柔毛或近于无毛，侧脉4～6对，基部掌状脉5～7条，叶柄长6～18厘米。顶生圆锥花序，花序梗微被疏毛，长12～28厘米。花萼蕾时圆球形，2唇开裂，长6～8毫米。花冠钟状，淡黄色，内面具2黄色条纹及紫色斑点，长约2.5厘米，直径约2厘米。能育雄蕊2，花丝插生于花冠筒上，花药叉开，退化雄蕊3。子房上位，棒状。花柱丝形，柱头2裂。蒴果线形，下垂，长20～30厘米，粗5～7毫米。种子长椭圆形，长6～8毫米，宽约3毫米，两端具有平展的长毛。花期6～7月，果期8～10月。

生于何方：产于中国长江流域及以北地区，日本也有。多栽培于村庄附近及公路两旁，野生者已不可见，海拔500～2500米适宜生长。

植物情报局

A 古代为什么以“桑梓”来代表家乡？

在我国古代桑、梓是与人们的生活关系极为密切的两种树。桑树的叶可以用来养蚕，果可以食用和酿酒，树干及枝条可以用来制造器具，皮可以用来造纸，叶、果、枝、根、皮皆可以入药。而梓树的嫩叶可食，皮是一种中药，木材轻软耐朽，是制作家具、乐器、棺材的良材。此外，梓树还是一种速生树种，在古代还常被作为薪炭用材。正是因为桑树和梓树与人们衣、食、住、用有着如此密切的关系，所以在古代，人们经常在自己家的房前屋后植桑栽梓，而且人们对父母先辈所栽植的桑树和梓树也常心怀敬意。另外，在我国古代，家族的墓地多依傍桑林而建，死者的墓前亦经常栽种梓树。

B 这种植物在园林绿化中有什么应用价值？

梓树树体端正，冠幅开展，叶大荫浓，春夏满树白花，秋冬荚果悬挂，形似挂着蒜苔一样，因此也叫蒜苔树，是具有一定观赏价值的树种。

C 为什么说梓树是“木王”？

梓树木材质地坚实，可堪大用，有“木莫良于梓”之说，于是古人将之称为“百木长”，又名“木王”。古人崇尚梓树，故而将书中的篇目称为“梓材”，将能工巧匠称为“梓人”，就连皇帝死后的棺木也以梓树制作，名为“梓棺”或“梓宫”。因梓树木材多纹理，古人认为此树颇有文采，刻版印刷书籍时，多用梓木，直至如今，书籍刊印依旧被称作“付梓”。另外，梓树的花和叶子，适宜用来养猪，相传可使猪肥大3倍。李时珍称，梓树叶子非但可使猪肥，若捣烂成泥，也可糊在猪表皮疮疥溃烂处，治疗猪疮。

叶多种形态

柽柳

植物小档案

植物“名牌”：柽柳（别名西河柳、红柳），柽柳科柽柳属。

一眼认识你：乔木或灌木。高3～8米。叶鲜绿色，从生木质化生长枝上长出的绿色营养枝，上面的叶为长圆状披针形或长卵形，长1.5～1.8毫米，稍开展，先端尖，基部背面有龙骨状隆起，常呈薄膜质。上部绿色营养枝上的叶为钻形或卵状披针形，半贴生，先端渐尖而内弯，基部变窄，长1～3毫米，背面有龙骨状突起。每年开花两三次。每年春季开始开花，总状花序侧生在生木质化的小枝上，长3～6厘米，宽5～7毫米，花大而少，较稀疏而纤弱下垂，小枝亦下倾；有短总花梗，或近无梗，梗生有少数苞叶或无，花瓣5，粉红色。花期4～9月。

生于何方：野生于中国辽宁、河北、河南、山东、江苏（北部）、安徽（北部）等省。栽培于中国东部至西南部各省区。日本、美国也有栽培。

植物情报局

A 柽柳有哪些实用价值？

枝条可用于编筐，粗枝可用作农具把柄，嫩枝叶是羊和骆驼的好饲料。在西北的一些地区，人们用柽柳枝串羊肉来烧烤，这样的肉串中因为柽柳的香气，格外好吃，因此是烤肉中的上品。

B 这种植物在园林绿化中有什么应用价值？

柽柳枝条细柔，姿态婆娑，开花如红蓼，颇为美观。在庭院中可作绿篱用，适于水滨、池畔、桥头、河岸、堤防植之。街道公路之沿河流者，其列树如以柽柳植之，则淡烟疏树，绿荫垂条，别具风格。

C 为什么说柽柳是防风固沙的优良树种之一？

柽柳的根很长，可以吸到深层的地下水，长的可达几十米。柽柳还不怕沙埋，被流沙埋住后，枝条能顽强地从沙包中探出头来，继续生长。所以，柽柳是防风固沙的优良树种之一。柽柳还有很强的抗盐碱能力，能在含盐碱0.5%～1%的地上生长，是改造盐碱地的优良树种。

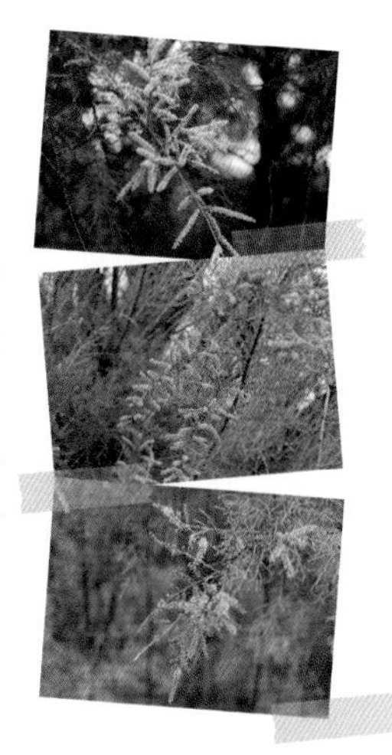

叶多种形态 地锦

植物“名牌”：地锦（别名爬山虎、爬墙虎），葡萄科地锦属。

一眼认识你：木质藤本。小枝圆柱形，几无毛或微被疏柔毛。卷须5～9分枝，相隔2节间与叶对生。卷须顶端嫩时膨大呈圆珠形，后遇附着物扩大成吸盘。叶为单叶，通常着生在短枝上，为3浅裂，时有着生在长枝上小型者不裂。花序着生在短枝上，基部分枝，形成多歧聚伞花序，长2.5～12.5厘米。果实球形，直径1～1.5厘米，有种子1～3颗。种子倒卵圆形，顶端圆形，基部急尖成短喙，种脐在背面中部呈圆形，腹部中棱脊突出，两侧洼穴呈沟状，从种子基部向上达种子顶端。花期5～8月，果期9～10月。

生于何方：原产于亚洲东部、喜马拉雅山区及北美洲。分布很广，北起中国辽宁，南至广东。黑龙江、新疆等地也有栽培。日本也有分布。

植物情报局

A 地锦如何攀爬？

地锦枝上有卷须，卷须短，多分枝，卷须顶端及尖端有黏性吸盘，遇到物体便吸附在上面，无论是岩石、墙壁或是树木，均能吸附。

B 这种植物在园林绿化中有什么应用价值？

观叶植物，秋季枝繁叶茂，炎夏苍翠欲滴，覆满墙壁。地锦主要用于园林和城市垂直绿化，若使其攀缘附于岩石或墙壁上，则可增添无限生机。植于住宅、办公楼、宿舍的墙壁或围墙、园林中建筑物附近均宜。如使矮小的平房建筑攀附地锦，则浓荫如盖，不仅美观，且为室内带来不少凉爽。

C 地锦有何功效？

地锦的根、茎可入药，有破血、活筋止血、消肿毒之功效。

叶多种形态
肥皂草

植物小档案

植物“名牌”：肥皂草（别名石碱花），石竹科肥皂草属。
一眼认识你：多年生草本。高30～70厘米。茎直立，不分枝或上部分枝，常无毛。叶片椭圆形或椭圆状披针形，长5～10厘米，宽2～4厘米，基部渐狭成短柄状，微合生，半抱茎，顶端急尖，边缘粗糙，两面均无毛，具3或5基出脉。聚伞圆锥花序，花序有3～7花。花瓣白色或淡红色，爪狭长，无毛，瓣片楔状倒卵形，长10～15毫米，顶端微凹缺。副花冠片线形，雄蕊和花柱外露。蒴果长圆状卵形，长约15毫米。种子圆肾形，长1.8～2毫米，黑褐色，具小瘤。花期为夏秋季。
生于何方：地中海沿岸均有野生。中国城市公园栽培供观赏，在大连、青岛等城市常逸为野生。

这种植物在园林绿化中有什么应用价值?

利用肥皂草的各种色彩可以与其他草花拼成各种各样的模纹图案，耐旱持久。肥皂草是夏、秋季节及“五一”“十一”等节日专用盆摆或地栽花坛布置的理想新材料。将选育的肥皂草品种栽植在树丛、绿篱、栏杆、绿地边缘、道路两旁、建筑物前，可形成极具田野林地特色的自然景观。肥皂草也可用于岩石园的布置，与岩石、墙垣、砾石相配，形成独具特色的既突出岩石园景观，又让人眼前一亮的植物景观。肥皂草还在屋顶绿化中大有可为，屋顶花园的极端环境条件，使大多数常用园林植物难以良好生长，肥皂草可以正常生长。

肥皂草有毒吗?

该物种为中国植物图谱数据库收录的有毒植物，其毒性为全草有毒，根和种子毒性较大。人误服根的水浸液在几小时后会出现瞳孔散大、昏迷等症状。家畜大量采食后主要出现以呕吐、疝痛和下痢等为主的肠胃道刺激症状。

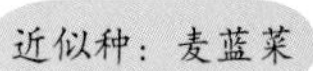

叶多种形态

鸡冠花

植物“名牌”：鸡冠花（别名鸡角根、红鸡冠），苋科青葙属。

一眼认识你：一年生直立草本。高30～80厘米。全株无毛，粗壮。分枝少，近上部扁平，绿色或带红色，有棱纹凸起。单叶互生，具柄。叶片长5～13厘米，宽2～6厘米，先端渐尖或长尖，基部渐窄成柄，全缘。花多数，极密生，成扁平肉质鸡冠状、卷冠状或羽毛状的穗状花序，一个大花序下面有数个较小的分枝，圆锥状矩圆形，表面羽毛状。花被片红色、紫色、黄色、橙色或红色黄色相间。苞片、小苞片和花被片干膜质，宿存。胞果卵形，长约3毫米，熟时盖裂，包于宿存花被内。种子肾形，黑色，有光泽。花果期7～9月。

生于何方：鸡冠花原产非洲，美洲热带和印度，世界各地广为栽培。

植物情报局

鸡冠花可以吃吗?

可以。作为一种美食，鸡冠花营养全面，风味独特，堪称食苑中的一朵奇葩。形形色色的鸡冠花美食如花玉鸡、红油鸡冠花、鸡冠花蒸肉、鸡冠花豆糕、鸡冠花籽糍粑等，各具特色，又都鲜美可口，令人回味。

这种植物在园林绿化中有什么应用价值?

鸡冠花的品种多，株型有高、中、矮3种；形状有鸡冠状、火炬状、绒球状、羽毛状、扇面状等；花色有鲜红色、橙黄色、暗红色、紫色、白色、红黄相杂色等；叶色有深红色、翠绿色、黄绿色、红绿色等，成为夏秋季常用的花坛、花境用花。

鸡冠花的花语是什么?

鸡冠花生长于秋天，当夏天的热情被秋风萧瑟所代替，人们心情日渐忧郁时，鸡冠花如火般绽放着，火红的颜色，花团锦簇，人们因此赋予它“真爱永恒”的花语。

叶多种形态
金钟花

植物“名牌”：金钟花（别名土连翘、狭叶连翘），木犀科连翘属。

一眼认识你：落叶灌木。高可达3米。小枝绿色或黄绿色，呈四棱形，皮孔明显，具片状髓。叶片长椭圆形至披针形，或倒卵状长椭圆形。花1～4朵着生于叶腋，先于叶开放；花梗长3～7毫米；花萼长3.5～5毫米，裂片绿色，卵形、宽卵形或宽长圆形，长2～4毫米，具睫毛。花冠深黄色。果卵形或宽卵形，长1～1.5厘米，宽0.6～1厘米，基部稍圆，先端喙状渐尖，具皮孔。果梗长3～7毫米。花期3～4月，果期8～11月。

生于何方：分布于中国江苏、安徽、浙江、江西、福建、湖北、湖南及云南。

金钟花有何药用价值？

金钟花的果壳和根部以及叶子都可以入药，它们味苦、性寒凉，清热解毒和消肿是它们入药以后的重要功效，平时多用于感冒发烧以及目赤肿痛等疾病的治疗，效果特别明显。

B 这种植物在园林绿化中有什么应用价值?

金钟花是一种先叶后花的特色植物，它开花时金黄灿烂，景色迷人，多种植于一些园林景区的草坪和路边以及树林的边缘，起到美化环境，供人观赏的作用，特别是把金钟花成片种植时，它会成为园林景区春天里最诱人的自然景观，一片片黄色的花海特别壮观。

C 金钟花的花语是什么?

隐藏在心中的爱。

D 金钟花和连翘的区别在哪里?

金钟花和连翘非常相似，金钟花又叫狭叶连翘，连翘干丛生，直立，枝开展，拱形下垂，小枝黄褐色，髓中空；金钟花枝直立，小枝黄绿色，髓薄片状。连翘花通常单生，少数为3朵腋生，花冠金黄色，萼片与花冠筒等长；金钟花的花1～3朵腋生，黄绿色，萼片长达花冠筒中部。连翘为单叶或有时为3小叶，对生，叶缘有粗锯齿；金钟花单叶对生，叶中部以上有粗锯齿。

叶多种形态
蜡梅

植物小档案

植物“名牌”：蜡梅（别名金梅、蜡花），蜡梅科蜡梅属。
一眼认识你：落叶灌木。高达4米，常丛生。叶对生，椭圆状卵形至卵状披针形，花着生于第二年生枝条叶腋内，先花后叶，芳香，直径2～4厘米。花被片圆形、长圆形、倒卵形、椭圆形或匙形，无毛，花丝比花药长或等长，花药内弯，无毛，花柱长达子房3倍，基部被毛。果托近木质化，口部收缩，并具有钻状披针形的被毛附生物。冬末先叶后花。

生于何方：野生于中国山东、江苏、安徽、浙江、福建、江西、湖南、湖北、河南、陕西、四川、贵州、云南等省。广西、广东等省区均有栽培。生于山地林中。日本、朝鲜和欧洲、美洲均有引种栽培。

植物情报局

蜡梅名字的由来？

蜡梅因花瓣似蜡，故名蜡梅，很多人以为是“腊”。这是因为蜡梅大多会在腊月开，人们就误用成“腊”，而

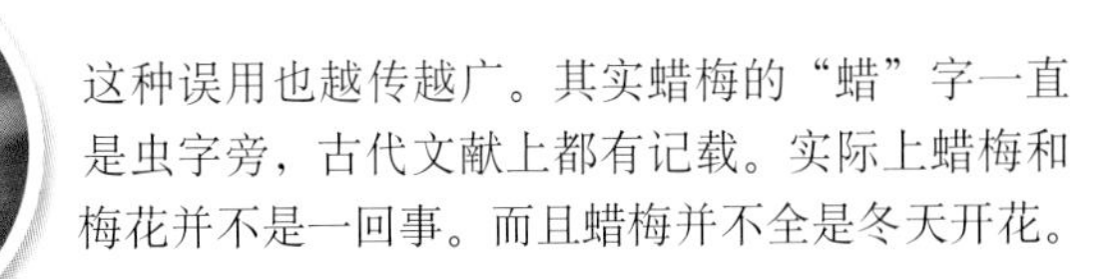

这种误用也越传越广。其实蜡梅的“蜡”字一直是虫字旁，古代文献上都有记载。实际上蜡梅和梅花并不是一回事。而且蜡梅并不全是冬天开花。

B 这种植物在园林绿化中有什么应用价值？

蜡梅在百花凋零的隆冬绽蕾，斗寒傲霜，所以常用来褒扬不畏强暴的性格。它利于庭院栽植，又宜作古桩盆景和插花及造型艺术，是冬季赏花的理想名贵花木。

C 蜡梅有哪些观赏价值高的“亲戚”？

有一种夏初开花的夏蜡梅。它是普通蜡梅的“同宗姐妹”，同科不同属。夏蜡梅花朵白色，边缘呈淡紫色，极为美丽。

近似种：夏蜡梅

D 蜡梅有何象征意义？

象征慈爱之心、高尚的心灵。也象征忠实、独立、坚毅、忠贞、刚强、坚贞、高洁的品格。

叶多种形态

三色堇

植物小档案

植物“名牌”：三色堇（别名蝴蝶花、猫脸花），堇菜科堇菜属。

一眼认识你：一二年生或多年生草本，茎高10 ~ 40厘米，全株光滑。地上茎较粗，直立或稍倾斜，有棱，单一或多分枝。基生叶叶片长卵形或披针形，具长柄；茎生叶叶片卵形、长圆状圆形或长圆状披针形，先端圆或钝，基部圆，边缘具稀疏的圆齿或钝锯齿，上部叶叶柄较长，下部者较短。花大，直径约3.5 ~ 6厘米，每个茎上有3 ~ 10朵，通常每花有紫、白、黄三色；花梗稍粗，单生叶腋，上部具2枚对生的小苞片；小苞片极小，卵状三角形；萼片绿色，长圆状披针形，长1.2 ~ 2.2厘米，宽3 ~ 5毫米，先端尖，边缘狭膜质，基部附属物发达，长3 ~ 6毫米，边缘不整齐。蒴果椭圆形，长8 ~ 12毫米。无毛。

生于何方：原产欧洲北部，中国南北方栽培普遍。作为药用植物，在中国河北省有少量种植。

植物情报局

三色堇是哪些国家的国花？

三色堇为冰岛原产花卉，为冰岛国花。此外，三色堇还是波兰国花。

三色堇在园林绿化中如何应用？

三色堇在庭院布置上常地栽于花坛上，可作毛毡花坛、花丛花坛，成片、成线、成圆镶边栽植都很相宜。还适宜布置花境、草坪边缘。不同的品种与其他花卉配合栽种能形成独特的早春景观。另外也可盆栽或布置阳台、窗台、台阶或点缀居室、书房、客厅。颇具新意，饶有雅趣。

三色堇的花语是什么？

红色三色堇花语是“思虑、思念”；有着黄色花瓣的三色堇，花语是“忧喜参半”，有着紫色花瓣的三色堇，花语是“沉默不语”“无条件的爱”。

三色堇是怎么培育出来的？

1629年将野生种引进庭园栽培，园艺专家19世纪开始对它进行品种改良，并选出了圆形、大花品种。20世纪初，德国的育种家选出了一些抗寒的品种。20世纪中期，瑞典人育出瑞士大花（Swiss Giant）系列，而美国人选出俄勒冈大花（Oregon）系列，花径达10厘米。20世纪70年代以后，美国、法国、德国、英国等国在三色堇的育种方面进展很快，花径大的达到12厘米，也出现花径仅3厘米的迷你三色堇，并已育出黑色品种。除耐寒品种以外，也有了抗热、抗病的三色堇。有所谓“英国的花姿，美国的花径，德国的色彩，法国的性状”的说法。

叶多种形态

圆柏

植物小档案

植物“名牌”：圆柏（别名桧、桧柏），柏科圆柏属。

一眼认识你：常绿乔木。高达20米，胸径达3.5米。树皮深灰色，纵裂，成条片开裂。幼树的枝条通常斜上伸展，形成尖塔形树冠，老树下部大枝平展，形成广圆形的树冠；树皮灰褐色，纵裂，裂成不规则的薄片脱落；小枝通常直或稍成弧状弯曲，生鳞叶的小枝近圆柱形或近四棱形，径1～1.2毫米。叶二型，即刺叶及鳞叶；刺叶生于幼树之上，老龄树则全为鳞叶，壮龄树兼有刺叶与鳞叶。雌雄异株，稀同株，雄球花黄色，椭圆形。球果近圆球形，两年成熟。

生于何方：产于中国内蒙古乌拉山、河北、山西、山东、江苏、浙江、福建、安徽、江西、河南、陕西南部、甘肃南部、四川、湖北西部、湖南、贵州、广东、广西北部及云南等地。朝鲜、日本也有分布。

植物情报局

为什么圆柏和梨树、苹果、石楠等不能种在一起？

圆柏梨锈病、圆柏苹果锈病及圆柏石楠锈病等以圆柏为越冬寄主。对圆柏本身虽伤害不太严重，但对梨、苹果、海棠、石楠等则危害较大，故应注意防治，最好避免在苹果、梨园等附近种植圆柏。

B 这种植物在园林绿化中有什么应用价值？

圆柏幼龄树树冠整齐圆锥形，树形优美，大树干枝扭曲，姿态奇古，可以独树成景，是中国传统的园林树种。圆柏在庭院中用途极广。性耐修剪又有很强的耐阴性，故作绿篱比侧柏优良，下枝不易枯，冬季颜色不变褐色或黄色，且可植于建筑物北侧阴处。中国古来多配植于庙宇，或陵墓作墓道树或柏林。其树形优美，青年期呈整齐之圆锥形，老树则干枝扭曲，古庭院、古寺庙等风景名胜区多有千年古柏，“清”“奇”“古”“怪”各具幽趣。可以群植草坪边缘作背景，或丛植片林、镶嵌树丛的边缘、建筑附近。在庭园中用途极广。可作绿篱、行道树，还可以作桩景、盆景材料。

C 圆柏有何经济用途？

材质致密，坚硬，桃红色，美观而有芳香，极耐久，坚韧致密，耐腐力强。故宜作图板、棺木、铅笔、家具、房屋建筑材料、文具及工艺品等用材；树根、树干及枝叶可提取柏木脑的原料及柏木油；种子可榨油，或入药。因其生长速度中等而偏慢，故除作观赏外，尚少用于大规模造林者。种子可榨取脂肪油。

叶多种形态 金盏花

植物小档案

植物“名牌”：金盏花（别名金盏菊、盏盏菊），菊科金盏花属。

一眼认识你：两年生草本，全株被毛。全株高约20～75厘米，通常自茎基部分枝，绿色或多少被腺状柔毛。基生叶长圆状倒卵形或匙形。头状花序单生茎枝端，直径4～5厘米，总苞片1～2层，披针形或长圆状披针形，外层稍长于内层，顶端渐尖，小花黄或橙黄色，长于总苞的2倍，舌片宽达4～5毫米；管状花檐部具三角状披针形裂片。瘦果全部弯曲，淡黄色或淡褐色，外层的瘦果大半内弯，外面常具小针刺，顶端具喙，两侧具翅脊部具规则的横褶皱。花期4～9月，果期6～10月。

生于何方：金盏花原产欧洲，在欧洲栽培历史较长，现已成为中国重要草本花卉之一。

A 金盏花可以泡茶吗?

金盏花适合单泡或搭配绿茶，具有镇痉挛、促进消化的功效，极适合消化系统溃疡的患者，此外，还能促进血液循环，也可缓和酒精中毒，故也有益补肝的功效。

B 这种植物在园林绿化中有什么应用价值?

广泛用于家庭小花园和盆栽观赏，在城市的街旁的栽植槽和零星墙角花坛中，金盏菊是早春主角之一。由于花卉新品种的不断出现，金盏菊的地位略有下降。不过金盏菊的新品种还是不少。金盏菊花朵鲜黄、叶片翠绿，十分醒目，盆栽摆放中心广场、车站、商厦等公共场所。

C 金盏花是什么时候引入我国栽培的?

中国金盏菊的栽培，是18世纪后从国外传入的，以后便出现盆栽金盏菊。清代乾隆年间，上海郊区已出现批量金盏菊生产。新中国成立后，金盏菊在园林中广泛栽培，应用于盆栽观赏和花坛布置。20世纪80年代后重瓣、大花和矮生金盏菊引入中国，金盏菊的面貌焕然一新，现已成为中国重要草本花卉之一。

D 金盏花的花语是什么?

欧美人士喜欢剪下带花茎的金盏花插在瓶里观赏。由于金盏花是告知圣母玛利亚怀孕的花朵，因此它的花语是“救济”。

叶多种形态 连翘

植物小档案

植物“名牌”：连翘（别名黄花杆、黄寿丹），木犀科连翘属。

一眼认识你：落叶灌木。早春花先于叶开放，花开香气淡艳，满枝金黄，艳丽可爱，是早春优良观花灌木。株高可达3米，枝干丛生，小枝黄色，拱形下垂，中空。叶对生，单叶或三小叶，卵形或卵状椭圆形，缘具齿。花冠黄色，1～3朵生于叶腋。果卵球形、卵状椭圆形或长椭圆形，先端喙状渐尖，表面疏生皮孔。果梗长0.7～1.5厘米。花期3～4月，果期7～9月。

生于何方：产于中国河北、山西、陕西、山东、安徽西部、河南、湖北、四川。生于山坡灌丛、林下或草丛中，或山谷、山沟疏林中，海拔250～2200米处。

植物情报局

连翘有何功效？

连翘可用于外感风热或温病初起，作用与金银花相似，故两者常配合应用。

B 除了药用外，连翘有何经济价值？

连翘籽含油率达25%～33%，籽实油含胶质，挥发性能好，是绝缘油漆工业和化妆品的良好原料，具有很好的开发潜力，油可供制造肥皂及化妆品，又可制造绝缘漆及润滑油等，还富含易被人体吸收、消化的油酸和亚油酸，油味芳香，精炼后是良好的食用油。连翘提取物能有效抑制环境中常见腐败菌的繁殖，延长食品的保质期，是一种较有希望的成本低而安全的新型食品防腐剂。

C 这种植物在园林绿化中有什么应用价值？

连翘萌发力强，树冠盖度增加较快，能有效防止雨滴击溅地面，减少侵蚀，具有良好的水土保持作用，是国家推荐的退耕还林优良生态树种和黄土高原防治水土流失的最佳经济作物。连翘树姿优美、生长旺盛。早春先叶开花，且花期长、花量多，盛开时满枝金黄，芬芳四溢，令人赏心悦目，是早春优良观花灌木，可以做成花篱、花丛、花坛等，在绿化美化城市方面应用广泛，是观光农业和现代园林难得的优良树种。

D 连翘是哪个国家哪个城市的市花？

连翘是韩国首都首尔市花。

叶鳞形
侧柏

植物“名牌”：侧柏（别名扁柏、扁桧），柏科侧柏属。

一眼认识你：常绿乔木，高达20余米，胸径1米。树皮薄，浅灰褐色，纵裂成条片。枝条向上伸展或斜展，幼树树冠卵状尖塔形，老树树冠则为广圆形，生鳞叶的小枝细，向上直展或斜展，扁平，排成一平面。叶鳞形，长1～3毫米，先端微钝，小枝中央的叶露出部分呈倒卵状菱形或斜方形。雄球花黄色，卵圆形，长约2毫米；雌球花近球形，径约2毫米，蓝绿色，被白粉。球果近卵圆形，长1.5～2.5厘米，成熟前近肉质，蓝绿色，被白粉，成熟后木质，开裂，红褐色。花期3～4月，球果10月成熟。

生于何方：产于中国内蒙古南部、吉林、辽宁、河北、山西、山东、江苏、浙江、福建、安徽、江西、河南、陕西、甘肃、四川、云南、贵州、湖北、湖南、广东北部及广西北部等地区。西藏德庆、达孜等地有栽培。在吉林垂直分布达海拔250米，在河北、山东、山西等地达1000～1200米，在河南、陕西等地达1500米，在云南中部及西北部达3300米。河北兴隆、山西太行山区、陕西秦岭以北渭河流域及云南澜沧江流域山谷中有天然森林。淮河以北、华北地区石炭岩山地、阳坡及平原多选用其造林。朝鲜也有分布。

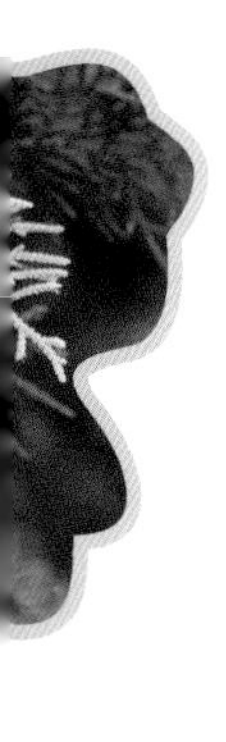

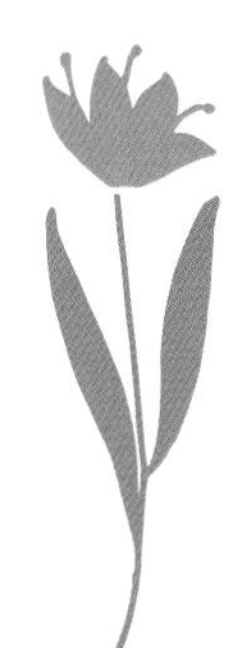

近似种：美国扁柏

这种植物在园林绿化中有什么应用价值?

侧柏在园林绿化中，有着不可或缺的价值。可用于行道、庭园、大门两侧、绿地周围、路边花坛及墙垣内外，均极美观。小苗可做绿篱，隔离带围墙点缀。在城市绿化中是常用的植物，侧柏对污浊空气具有很强的耐力，在市区街心、路旁种植，生长良好，不碍视线，吸

附尘埃，净化空气。侧柏丛植于窗下、门旁，极具点缀效果。夏绿冬青，不遮光线，不碍视野，尤其在雪中更显生机。侧柏配植于草坪、花坛、山石、林下，可增加绿化层次，丰富观赏美感。它的耐污染性，耐寒性，耐干旱的特点在北方绿化中，得以很好的发挥。在北京、天津、河南、辽宁等省市有众多使用侧柏绿化的优秀案例，侧柏是绿化道路，绿化荒山的首选苗木之一。使用侧柏，作为绿化苗木，优点是成本低廉，移栽成活率高，货源广泛。

B 轩辕柏是侧柏吗？

陕西省黄陵县黄帝陵轩辕庙内有许多侧柏，其中有一株人称轩辕柏，相传为黄帝亲手所植。轩辕柏是全国最老的古侧柏，是稀世国宝，是活的文物，堪称我国的柏树之王，外国友人赞誉它是“世界柏树之父”。

C 为什么宫殿、寺庙、陵园等喜欢配植侧柏？

侧柏是中国应用最广泛的园林绿化树种之一，自古以来就常栽植于寺庙、陵墓和庭园中。如在北京天坛，大片的侧柏和桧柏与皇穹宇、祈年殿的汉白玉栏杆以及青砖石路形成强烈的烘托，充分地突出了主体建筑，大片的侧柏营造出了肃静清幽的气氛，而祈年殿、皇穹宇及天桥等在建筑形式上、色彩上与柏墙相互呼应，庄严肃穆。

叶鳞形
金黄球柏

植物小档案

植物“名牌”：金黄球柏（别名洒金柏、洒金千头柏），柏科侧柏属。

一眼认识你：常绿灌木。树冠球形，小枝扁平，排列成1个平面。叶小，呈金黄色，鳞片状，紧贴小枝上，呈交叉对生排列，叶背中部具腺槽。雌雄同株，花单性。雄球花黄色，由交互对生的小孢子叶组成，每个小孢子叶生有3个花粉囊，珠鳞和苞鳞完全愈合。球果当年成熟，种鳞木质化，开裂，种子不具翅或有棱脊。

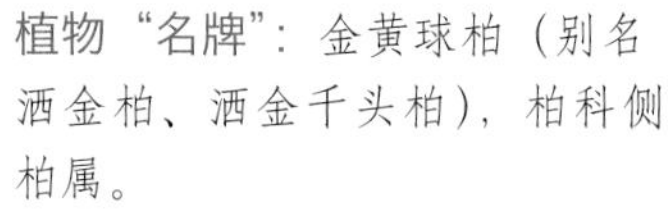

生于何方：栽培种，中国北方普遍栽培。

A 这种植物在园林绿化中有什么应用价值？

金黄球柏色彩金黄，可布置于树丛前增加层次，是一种很好的彩叶树种，在城市绿化中是常用的植物。金黄球柏对污浊空气具有很强的抗性，在市区街心、路旁种植，生长良好，不碍视线，能吸附尘埃，净化空气，丛植于窗下、门旁，极具点缀效果，配植于草坪、花坛、山石、林下，可增加绿化层次，丰富观赏美感。另外它的耐污染性、耐寒性、耐干旱的特点在北方绿化中，得以很好发挥。

B 这种植物有何习性？

喜光，幼苗期稍耐阴。喜温暖、湿润环境，也耐严寒。耐干燥和瘠薄，对土壤适应性强，但喜土层深厚、肥沃和排水良好的土壤，不耐水涝。浅根性，萌蘖力强，耐修剪。对有害气体抗性弱。

C 金黄球柏一般如何繁殖？

金黄球柏多用扦插繁殖，扦插成活率高达98%以上，一般在春秋季扦插，春季扦插略优于秋季，春插在3月上旬至4月中旬，秋插在9月下旬至10月中旬。

近似种：千头柏

叶鳞形

龙柏

植物“名牌”：龙柏（别名红心柏、珍珠柏），柏科圆柏属。

一眼认识你：龙柏是圆柏的人工栽培变种。树冠圆柱状或柱状塔形，枝条向上直展，常有扭转上升之势，小枝密、在枝端成几相等长之密簇；鳞叶排列紧密，幼嫩时淡黄绿色，后呈翠绿色；球果蓝色，微被白粉。

生于何方：产于中国内蒙古乌拉山、河北、山西、山东、江苏、浙江、福建、安徽、江西、河南、陕西南部、甘肃南部、四川、湖北西部、湖南、贵州、广东、广西北部及云南等地。生于中性土、钙质土及微酸性土上，各地亦多栽培，西藏也有栽培。朝鲜、日本也有分布。

A 这种植物在园林绿化中有什么应用价值？

龙柏树形优美，枝叶碧绿青翠，为公园篱笆绿化首选苗木，多被种植于庭园作美化用途。应用于公园、庭园、绿墙和高速公路中央隔离带。龙柏移栽成活率高，恢复速度快，是园林绿化中使用最多的灌木，其本身青翠油亮，生长健康旺盛，观赏价值高。

B 龙柏有何生态习性？

喜阳，稍耐阴。喜温暖、湿润环境，抗寒。抗干旱，忌积水，排水不良时易产生落叶或生长不良。适生于干燥、肥沃、深厚的土壤，对土壤酸碱度适应性强，较耐盐碱。对氧化硫和氯抗性强，但对烟尘的抗性较差。

C 龙柏与圆柏有何区别？

龙柏树干大多弯曲，叶大部分为鳞状叶，一般无刺形叶，沿枝条紧密排列成十字对生；圆柏的叶片有刺形叶和鳞形叶，枝条向各个方向均匀分布。

叶鳞形

金叶桧

植物小档案

植物“名牌”：金叶桧（别名金边龙柏、金边圆柏），柏科圆柏属。

一眼认识你：常绿灌木或小乔木，高3～5米，树冠球形或圆锥状塔形。叶二型，鳞叶新芽呈黄色，针叶粗壮，初为金黄色，渐变黄白，至秋转绿色。树皮呈赤褐色，纵裂。4月开花，雌雄异株，间有同株者。球果近圆球形，两年成熟，熟时呈暗褐色。种子卵圆形。

生于何方：原产中国东北南部及华北等地，北自内蒙古及沈阳以南，南至广西、广东北部、东自滨海省份，西至西川、云南均有分布。日本、朝鲜也有分布。

植物情报局

金叶桧有何习性?

喜光，幼苗期稍耐阴。喜温暖湿润气候，也耐严寒。耐干燥和瘠薄，对土壤适应性强，但喜土层深厚、肥沃和排水良好的土壤，不耐水涝。浅根性，萌蘖力强，耐修剪。对有害气体抗性弱。

在园林绿化中如何应用?

金叶桧树形端庄，叶色丰富，可在庭园作对植布置，也可丛植于高大乔木的树丛或树林前，叶色独特，是我国南北园林中不可多得的彩色柏科树种之一，也可作为庭院主景树。

金叶桧与龙柏如何区别?

金叶桧新梢有黄白色，龙柏无。

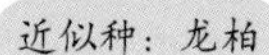

叶卵形全缘

白鹃梅

植物“名牌”：白鹃梅（别名金瓜果、茧子花），蔷薇科白鹃梅属。

一眼认识你：落叶灌木，高3～5米。叶片椭圆形，长椭圆形至长圆倒卵形，先端圆钝或急尖，稀有突尖，基部楔形或宽楔形，上下两面均无毛；叶柄短或近于无柄；总状花序无毛；花梗基部较顶部稍长，无毛；苞片小，宽披针形；花直径2.5～3.5厘米；萼筒浅钟状，无毛；花瓣倒卵形，先端钝，基部有短爪，白色；雄蕊15～20，3～4枚一束着生在花盘边缘；蒴果，倒圆锥形，无毛，有5脊，果梗长3～8毫米。花期5月，果期6～8月。

生于何方：产于中国河南、江西、江苏、浙江等。生于山坡阴地，海拔250～500米处。

植物情报局

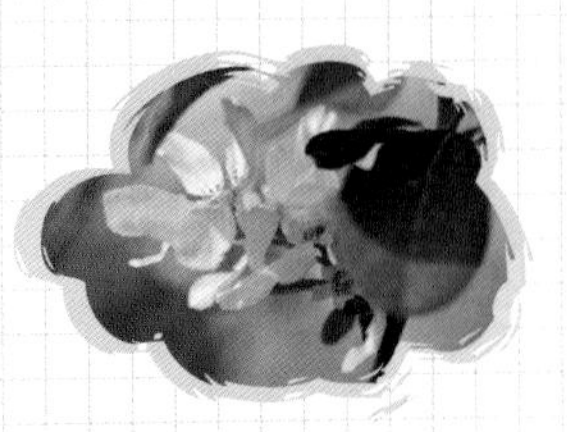

A 这种植物有什么功效?

白鹃梅有益肝明目、提高人体免疫力、抗氧化等多种功能。

B 这种植物在园林绿化中有什么应用价值?

白鹃梅姿态秀美，春日开花，满树雪白，如雪似梅，果形奇异，适应性广，是美丽的观赏树。宜在草地、林缘、路边及假山岩石间配植，在常绿树丛边缘群植，宛若层林点雪，饶有雅趣。在林间或建筑物附近散植也极适宜，其老树古桩，又是制作树桩盆景的优良素材。

C 这种植物可以吃吗?

白鹃梅树的花和嫩叶是营养极其丰富的优质食物原料。其所含多种维生素和钙、铁、锌等营养成分之高，是许多常见蔬菜所不能及的。同许多可食木本植物一样，白鹃梅的食法也很多。民间一般于4 ~ 5月采摘其嫩叶和花蕾，既可鲜食，也可水焯后晒干，供不时之需。其嫩叶和花蕾可炒食，可做汤，亦可调味凉拌；作配料则烹制多种荤素菜肴，皆清香味美，别有风味。花蕾用来蒸花糕，做点心尤为受人欢迎。其干品则可经水发后，用来炖肉、蒸鱼、煮汤、做馅等，同样味美宜人。

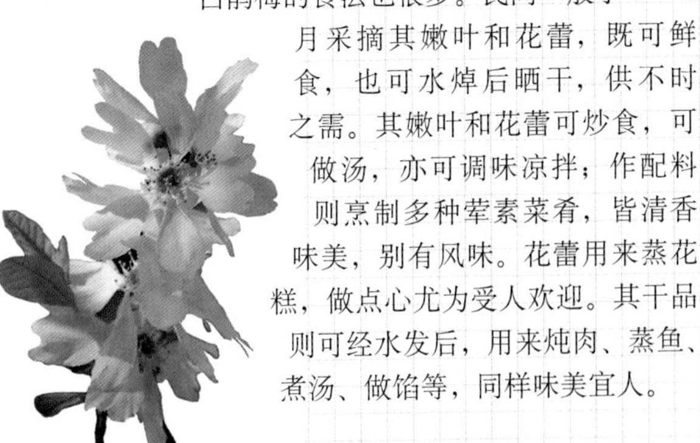

叶卵形全缘

百日菊

植物小档案

植物“名牌”：百日菊（别名百日草、火球花），菊科百日菊属。

一眼认识你：一年生草本。茎直立，高30～100厘米，被糙毛或长硬毛。叶宽卵圆形或长圆状椭圆形，两面粗糙，下面被密的短糙毛，基出三脉。头状花序单生枝端，总苞宽钟状；总苞片多层，宽卵形或卵状椭圆形。舌状花深红色、玫瑰色、紫堇色或白色，舌片倒卵圆形，先端2～3齿裂或全缘，上面被短毛，下面被长柔毛。管状花黄色或橙色，先端裂片卵状披针形，上面被黄褐色密茸毛。雌花瘦果倒卵圆形，管状花瘦果倒卵状楔形。花期6～9月，果期7～10月。

生于何方：原产墨西哥，为著名的观赏植物，在中国各地栽培很广，有时成为野生。

A 这种植物在园林绿化中有什么应用价值？

百日菊是著名的观赏植物，有单瓣、重瓣、卷叶、皱叶和各种不同颜色的园艺品种，在中国各地栽培很广，有时成为野生，花大色艳，开花早，花期长，株形美观，可按高矮分别用于花坛、花境、花带。也常用于盆栽。

B 百日草为何又名“步步高”？

百日草花期很长，从6月到9月，花朵陆续开放，长期保持鲜艳的色彩，象征友谊天长地久，更有趣的是百日草第一朵花开在顶端，然后侧枝顶端开花比第一朵开得更高，所以又得名“步步高”。百日草花的颜色非常丰富，作盆栽欣赏，观其花朵，一朵更比一朵高，会激发人们的上进心。

近似种：蓝眼菊

C 百日菊的花语是什么？

百日菊（洋红色）——持续的爱。

百日菊（混色）——纪念一个不在的友人。

百日菊（绯红色）——永恒不变。

百日菊（白色）——善良。

百日菊（黄色）——每日的问候。

叶卵形全缘

暴马丁香

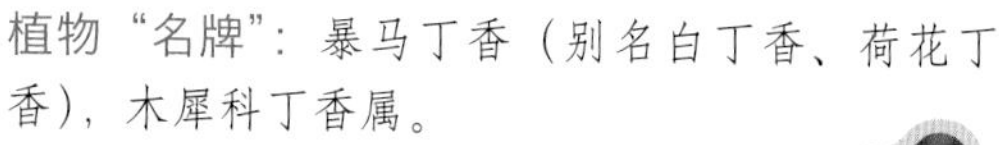

植物“名牌”：暴马丁香（别名白丁香、荷花丁香），木犀科丁香属。

一眼认识你：落叶小乔木或大乔木，高4～10米，可达15米，具直立或开展枝条。树皮紫灰褐色，具细裂纹。叶片厚纸质，宽卵形、卵形至椭圆状卵形，或为长圆状披针形，长2.5～13厘米，宽1～8厘米，先端短尾尖至尾状渐尖或锐尖。圆锥花序由1到多对，着生于同一枝条上的侧芽抽生；花冠白色，呈辐状，花药黄色。果长椭圆形，长1.5～2.5厘米，先端常钝，或为锐尖、凸尖，光滑或具细小皮孔。花期6～7月，果期8～10月。

生于何方：产于中国黑龙江、吉林、辽宁。生山坡灌丛或林边、草地、沟边，或针、阔叶混交林中，海拔10～1200米处。俄罗斯远东地区和朝鲜也有分布。

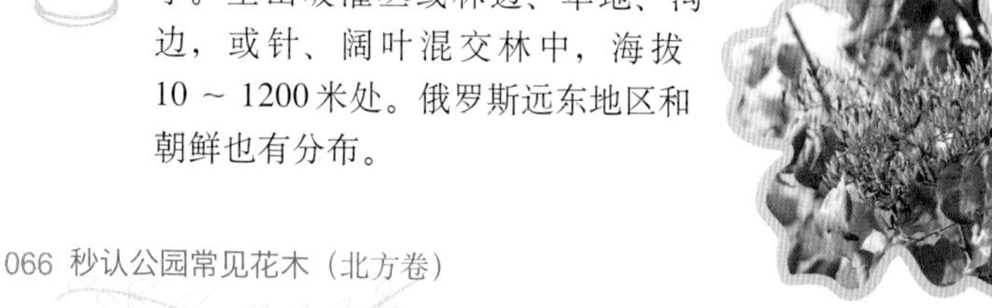

这种植物在园林绿化中有什么应用价值？

暴马丁香花序大，花期长，树姿美观，花香浓郁，花芬芳袭人，为著名的观赏花木之一，在中国园林中占有重要位置。园林中可将其植于建筑物的南向窗前，开花时，清香入室，沁人肺腑。植株丰满秀丽，枝叶茂密，且具独特的芳香，广泛栽植于庭园、机关、厂矿、居民区等地；常丛植于建筑前、茶室凉亭周围；散植于园路两旁、草坪之中；可与其他种类丁香配植成专类园，形成美丽、清雅、芳香、青枝绿叶、花开不绝的景区，效果极佳；也可盆栽，促成栽培、切花等用。

B 为什么说暴马丁香全身是宝?

暴马丁香树皮、树干及枝条均可药用，味苦，性微寒，用于治疗消炎、利尿、痰多以及支气管炎，支气管哮喘和心脏性浮肿等症。此外，常采集做暴马丁香花茶，用于治疗咳嗽或身体保健之用。木材材质坚实致密，结构均一，具有特殊清香气味，可供建筑、器具、家具及细木工用材，尤宜作茶叶筒，食具等。根可作熏香原料。花又可作为蜜源。种子含脂肪油28.6%。可榨取供工业用。可见暴马丁香是个综合利用价值非常高的树种，具有广阔的市场前景。

为什么说暴马丁香是“西海菩提树”？

在寺院栽种菩提树，除了表示信仰的忠坚和虔诚之外，主要还是为了纪念佛祖得道成佛。可是，真正的菩提树只适种于热带、亚热带，在中国只有华南、东南沿海一带才适宜生长。因此佛门弟子只好选用一些适应当地气候环境的树种代替菩提树。而在中国西北的甘肃、青海等地，由于高原气候的影响，很多树种都不能栽植，佛教弟子就选用暴马丁香代替菩提树。因此人们称暴马丁香为“西海菩提树”。现北京法原寺内的暴马丁香树，据传是明代的遗物。再如青海省乐都县以南的瞿昙寺里的一棵暴马丁香树，相传是明朝洪武年间修建该寺院时栽植的，距今已有六百多年的历史。

叶卵形全缘
碧冬茄

植物小档案

植物“名牌”：碧冬茄（别名矮牵牛、矮喇叭），茄科碧冬茄属。

一眼认识你：多年生草本，常作一二年生栽培，高20～45厘米；茎匍生长，被有黏质柔毛；叶质柔软，卵形，全缘，互生，上部叶对生；花单生，呈漏斗状，重瓣花球形，花白、紫或各种红色，并镶有其他色边，非常美丽，花期4月至降霜；蒴果，种子细小。

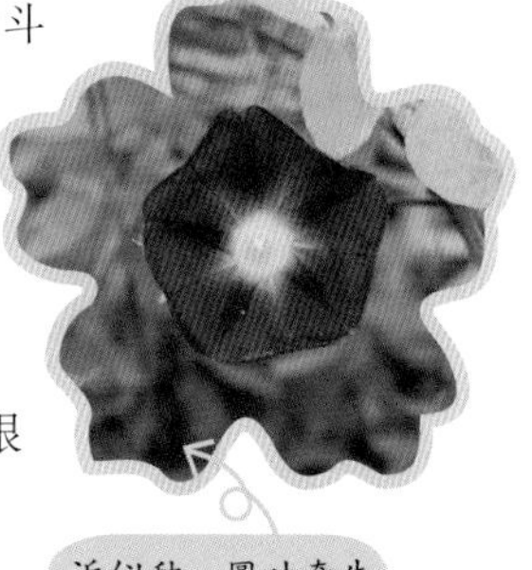

近似种：圆叶牵牛

生于何方：原产南美阿根廷，现世界各地广泛栽培。

植物情报局

碧冬茄一般用在哪些地方？

碧冬茄花大而多，开花繁盛，花期长，色彩丰富，是优良的花坛和种植钵花卉，也可自然式丛植，还可作为切花。气候适宜或温室栽培可四季开花。可以广泛用于花坛布置、花槽配植、景点摆设、窗台点缀及家庭装饰。

碧冬茄有哪些花语？

碧冬茄花语是安心，白色碧冬茄的花语是存在，紫色碧冬茄的花语是断情。

碧冬茄和牵牛花有亲缘关系吗？

碧冬茄属茄科碧冬茄属植物，牵牛花属旋花科牵牛属植物，二者只是形态相似，并没有亲缘关系。

这种植物能在家种植吗？

可以的。碧冬茄在国际上已成为主要的盆花和装饰植物。在美国栽培十分普遍，常用在窗台美化、城市景观布置，其生产的规模和数量列美国花坛和庭园植物的第二位。在欧洲的意大利、法国、西班牙、荷兰和德国等国，碧冬茄广泛用于街旁美化和家庭装饰。在日本，碧冬茄常用于各式栽植槽的布置和公共场所的景观配植。在我国，也常见此类植物用于家庭种植。

叶卵形全缘

灯台树

植物小档案

植物“名牌”：灯台树（别名瑞木、六角树），山茱萸科灯台树属。

一眼认识你：落叶乔木，高6 ～ 15米，稀达20米。叶互生，纸质，阔卵形、阔椭圆状卵形或披针状椭圆形，长6 ～ 13厘米，宽3.5 ～ 9厘米，先端突尖，基部圆形或急尖，全缘，上面黄绿色，无毛，下面灰绿色，密被淡白色平贴短柔毛，中脉在上面微凹陷，下面凸出，微带紫红色，无毛，侧脉6 ～ 7对，弓形内弯，在上面明显，下面凸出，无毛。伞房状聚伞花序，顶生，宽7 ～ 13厘米，稀生浅褐色平贴短柔毛；花小，白色。核果球形，直径6 ～ 7毫米，成熟时紫红色至蓝黑色；核骨质，球形，直径5 ～ 6毫米，略有8条肋纹，顶端有一个方形孔穴；果梗长约2.5 ～ 4.5毫米，无毛。花期5 ～ 6月，果期7 ～ 8月。

生于何方：中国辽宁、河北、陕西、甘肃、山东、安徽、台湾、河南、广东、广西以及长江以南各省区有分布。朝鲜、日本、印度北部、尼泊尔、不丹也有分布。

植物情报局

A 灯台树有何经济价值？

灯台树的木材黄白色或黄褐白色，心材与边心区别不明显，有光泽，纹理直而坚硬，细致均匀，易干燥，不耐腐，易切削；果肉及种子含油量高，果实可以榨油，为木本油料植物；茎、叶的白色乳汁还可以用作橡胶及口香糖原料；叶可作饲料及肥料；花是蜜源。

B 这种植物在园林绿化中有什么应用价值？

灯台树是优良的园林绿化彩叶树种及著名的秋色叶树种，灯台树生长迅速，优美奇特的树姿、繁茂的绿叶，素雅的花朵、紫红色的枝条，以及花后绿叶红果，独具特色，具有很高的观赏价值，是园林、公园、庭院、风景区等绿化、置景的佳选，也是优良的集观树、观花、观叶为一体的彩叶树种，被称之为园林绿化中彩叶树种的珍品，适宜在草地孤植、丛植，或于夏季湿润山谷或山坡、湖（池）畔与其他树木混植营造风景树，亦可在园林中栽作庭荫树或公路、街道两旁栽作行道树，更适于森林公园和自然风景区作秋色叶树种片植营造风景林。

C 灯台树有何功效？

灯台树的根、叶、树皮均含有吲哚类生物碱，有毒，入药具有镇静、消炎止痛、化痰等功效。

叶卵形全缘

二乔玉兰

植物“名牌”：二乔玉兰（别名朱砂玉兰），木兰科玉兰属。

一眼认识你：落叶小乔木。叶倒卵圆形至宽椭圆形，长6～15厘米，宽4～15厘米，表面绿色，具光泽，背面淡绿色，被柔毛；叶柄短，被柔毛。拟花蕾卵圆体形。花先叶开放，花被片9枚，外轮花被片长度为内轮花被片的2/3，淡紫红色、玫瑰色或白色，具紫红色晕或条纹。雄蕊药室侧向纵裂，离生单雌蕊无毛或有毛，果为蓇葖果。花期3～4月，果熟期9～10月。

生于何方：本种为杂交种，中国南北各地广泛栽培，以长江以南为多，国外园林应用亦较多。

植物情报局

二乔玉兰名字是怎么来的?

本种为法国人用玉兰和紫玉兰杂交而成，较亲本更耐寒、耐旱，约有几十个栽培品种；一说因姿色堪比三国时期大乔小乔（二乔）两姐妹，故名。

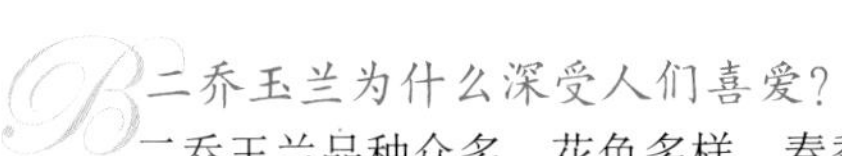

二乔玉兰为什么深受人们喜爱?

二乔玉兰品种众多，花色多样，春季先花后叶，花量大，花色多样，为早春重要的观花树木，在云南昆明等地，12月下旬即可开花。性喜阳光和温暖湿润的气候，对温度很敏感，南北花期可相差4 ~ 5个月，即使在同一地区，每年花期早晚变化也很大；对低温有一定的抵抗力，能在-21℃条件下安全越冬。国内比较著名的有‘红运’‘丹馨’‘红元宝’等品种，可二次开花，象征芳香情思，俊朗仪态。

这种植物的最佳观赏地是哪里?

杭州、郑州、广州、昆明栽培量较大。

这种植物可以提取香料吗?

树皮，叶、花均可提取芳香浸膏。

叶卵形全缘 海桐

植物小档案

植物“名牌”：海桐（别名海桐花、山瑞香），海桐花科海桐花属。

一眼认识你：常绿灌木或小乔木，高达6米。嫩枝被褐色柔毛，有皮孔。叶聚生于枝顶，二年生，革质；伞形花序或伞房状伞形花序顶生或近顶生，花白色，有芳香，后变黄色；蒴果圆球形，有棱或呈三角形，直径12毫米。花期3月至5月，果熟期9～10月。

生于何方：主要分布在中国江苏南部、浙江、福建、台湾、广东等地。朝鲜、日本也有分布。

这种植物在园林绿化中有什么应用价值?

海桐枝叶繁茂，树冠球形，下枝覆地；叶色浓绿而有光泽，经冬不凋，初夏花朵清丽芳香，入秋果实开裂露出红色种子，也颇为美观。通常可作绿篱栽植，也可孤植，丛植于草丛边缘、林缘或门旁，列植在路边。因为有抗海潮及有毒气体的功能，故又为海岸防潮林、防风林及矿区绿化的重要树种，并宜作城市隔噪声和防火林带的下木。

近似种：光叶海桐

海桐有何药用价值?

根、叶和种子均入药。根能祛风活络、散瘀止痛；叶能解毒、止血；种子能涩肠、固精。

海桐属植物很多具有香气吗?

是的。海桐花属全世界约300种，分布于东半球的热带和亚热带地区。我国有约44种，产于西南部至台湾。有些供观赏用，很多有沁人心脾的香气，所以很多种类，比如短萼海桐等在园林上作为香花植物使用。

叶卵形全缘

荷花玉兰

植物“名牌”：荷花玉兰（别名荷花木兰、广玉兰、洋玉兰），木兰科木兰属。

一眼认识你：常绿乔木，高达30米。叶厚革质，叶背密被褐色茸毛，边缘微反卷。花白色，有芳香，直径15～20厘米，花被片厚肉质。种子红色。

生于何方：原产北美洲东南部，中国长江流域以南各城市栽培广泛。

植物情报局

这种植物有哪些园林用途？

荷花玉兰树冠呈卵状圆锥形，雄伟壮丽，花大如荷，直径可达30厘米，呈现白色或浅黄色，芳香馥郁，对有害气体和粉尘抗性较强，为美丽的庭园绿化观赏树种，也适合厂矿绿化，大树可孤植草坪中，或列植于通道两旁，与西式建筑尤为协调。

B 这种植物的最佳观赏地是哪里?

最北栽培可至北京、兰州等地。在长江流域中的江苏各大城市及上海、杭州多见。

C 这种植物能适应什么特殊环境?

喜光，而幼时稍耐阴；喜温湿气候，有较好抗寒能力；适生于干燥、肥沃、湿润与排水良好的微酸性或中性土壤；对烟尘及二氧化硫等有害气体有较强抗性，病虫害少；根系深广，抗风力强。

D 为什么说这种植物全身是宝?

木材可供装饰材用，叶、幼枝和花可提取芳香油，花制浸膏用，叶入药治高血压，种子可榨油。

E 为什么荷花玉兰又叫广玉兰、洋玉兰?

荷花玉兰，花大如荷，故名，又因最早是从北美洲传入广东一带，最后在内地广泛栽培，所以又称广玉兰、洋玉兰。花语为美丽、高洁、芬芳、纯洁，又有世代相传，生生不息的寓意，是外来木兰科植物在国内栽培最广泛的树种，同时是江苏常州、南通、镇江、连云港及安徽合肥、浙江余姚等市的市树。

叶卵形全缘

荷兰菊

植物“名牌”：荷兰菊（别名柳叶菊、紫菀），菊科紫菀属。

一眼认识你：多年生草本。株高50 ~ 100厘米。叶片椭圆形，头状花序，单生，蓝色。有地下走茎，茎丛生、多分枝，叶呈线状披针形，光滑，幼嫩时微呈紫色，在枝顶形成伞状花序，花色蓝紫色或玫红色。花期7 ~ 9月，果期8 ~ 10月。

生于何方：原种产于亚洲、欧洲与北美地区。

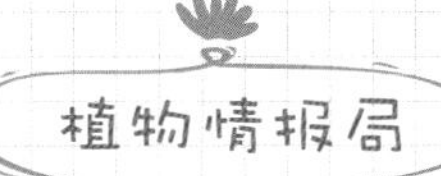

A 这种植物在园林绿化中有什么应用价值？

荷兰菊适于盆栽室内观赏和布置花坛、花境等。更适合作花篮、插花的配花。如以百合作主材，配上荷兰菊、长寿花、春羽、蓬莱松，画面十分轻盈活泼，摆放于茶几、书桌，显得格外清新悦目。若以多彩荷兰菊为主花瓶插，点缀餐桌、窗台，显得十分娇媚。

B 荷兰菊的花语是什么？

荷兰菊有一个花语是“说谎”，这个花语的起源有一些戏剧性，这是说，在很久以前，一些农民相信将荷兰菊的叶子晒干燃烧，烟的味道可以驱散蚊子、跳蚤等害虫。但是事实刚好相反，蚊虫似乎很喜欢这种烟味，所以，荷兰菊的花语就有了“说谎”这一寓意。

C 荷兰菊是哪一天的生日花？

荷兰菊是10月27日的生日花，是迪鲁菲那之花。迪鲁菲那是12世纪法国南部的贵族，他赞美荷兰菊。因此，荷兰菊成为了具有贵族气质的象征。

叶卵形全缘

红瑞木

植物小档案

植物“名牌”：红瑞木（别名凉子木、红瑞山茱萸），山茱萸科梾木属。

一眼认识你：落叶灌木，高达3米。树皮紫红色。叶对生，纸质，椭圆形，稀卵圆形，长5～8.5厘米，宽1.8～5.5厘米，先端突尖，基部楔形或阔楔形，边缘全缘或波状反卷，上面暗绿色，有极少的白色平贴短柔毛。伞房状聚伞花序顶生，较密，宽3厘米，被白色短柔毛；总花梗圆柱形，长1.1～2.2厘米，被淡白色短柔毛；花小，白色或淡黄白色。核果长圆形，微扁，长约8毫米，直径5.5～6毫米，成熟时乳白色或蓝白色，花柱宿存；核棱形，侧扁，两端稍尖呈喙状，长5毫米，宽3毫米，每侧有脉纹3条；果梗细圆柱形，长3～6毫米，有疏生短柔毛。花期6～7月；果期8～10月。

生于何方：产于中国黑龙江、吉林、辽宁、内蒙古、河北、陕西、甘肃、青海、山东、江苏、江西等省区。朝鲜、俄罗斯及欧洲其他地区也有分布。

植物情报局

A 红瑞木有哪些品种？

红瑞木叶色艳丽迷人，姿态各异。常见有隆冬之火红瑞木、金边红瑞木、银边红瑞木、金叶红瑞木等。

B 这种植物在园林绿化中有什么应用价值？

庭院观赏、丛植。红端木秋叶鲜红，小果洁白，落叶后枝干红艳如珊瑚，是少有的观干植物，也是良好的切枝材料。园林中多丛植草坪上或与常绿乔木相间种植，得红绿相映之效果。

C 红瑞木有何药用价值？

清热解毒、止痢、止血。主湿热痢疾、肾炎、风湿关节痛、目赤肿痛、中耳炎、咯血、便血。

D 红瑞木的花语是什么？

红瑞木的花语是信仰、勤勉。

叶卵形全缘

睡莲

植物小档案

植物“名牌”：睡莲（别名子午莲、茈碧花），睡莲科睡莲属。

一眼认识你：多年水生草本。根状茎短粗。叶纸质，心状卵形或卵状椭圆形，长5～12厘米，宽3.5～9厘米，基部具深弯缺，约占叶片全长的1/3，裂片急尖，稍开展或几重合，全缘，上面光亮，下面带红色或紫色，两面皆无毛，具小点，叶柄长达60厘米。花直径3～5厘米，花梗细长，花萼基部四棱形，萼片革质，宽披针形或窄卵形，长2～3.5厘米，宿存；花瓣白色，宽披针形、长圆形或倒卵形，长2～2.5厘米，内轮不变成雄蕊；雄蕊比花瓣短，花药条形，长3～5毫米；柱头具5～8辐射线。浆果球形，直径2～2.5厘米，为宿存萼片包裹；种子椭圆形，长2～3毫米，黑色。花期6～8月，果期8～10月。

近似种：齿叶红睡莲

生于何方：从中国东北至云南，西至新疆皆有分布。朝鲜、日本、印度、俄罗斯、北美也有分布。生于池沼、湖泊等静水水体中。许多公园水体栽培睡莲作为观赏植物。

植物情报局

A 这种植物有野生的吗？

人工种植的睡莲非常常见，但野生状态的睡莲就不那么容易见到。云南大理洱源县茈碧湖中就有野生的睡莲，因产于茈碧湖，所以又名茈碧花。

B 为什么说种植睡莲是我国的文化传统？

江南一带名园，多设有欣赏睡莲风景的建筑。扬州的瘦西湖在堤上建有“荷花桥”，桥上玉亭高低错落，造型古朴淡雅，精美别致，与湖中睡莲相映成趣，是瘦西湖的风景最佳处。岳阳金鹗公园的荷香坊临水而建，与曲栏遥相贯通，香蒲薰风，雨中赏荷，深受群众喜爱。很多观赏景区以睡莲作为专类园。

C 盆栽睡莲是否在古代就有？

在中国文化史上，盆栽睡莲这种形式出现之初只是被用于私家庭院观赏。盆栽和池栽相结合的布置手法，提高了观赏价值，在园林水景和园林小品中经常出现。睡莲水石盆景是在杭州出现的一种新的盆景。它是睡莲盆栽与水石盆景的结合，既体现山石的刚毅挺拔，又显示睡莲的娇艳妩媚。

D 睡莲有何寓意？

在古希腊、古罗马，睡莲与中国的荷花一样，被视为圣洁、美丽的化身，常用作供奉女神的祭品。

叶卵形全缘

黄杨

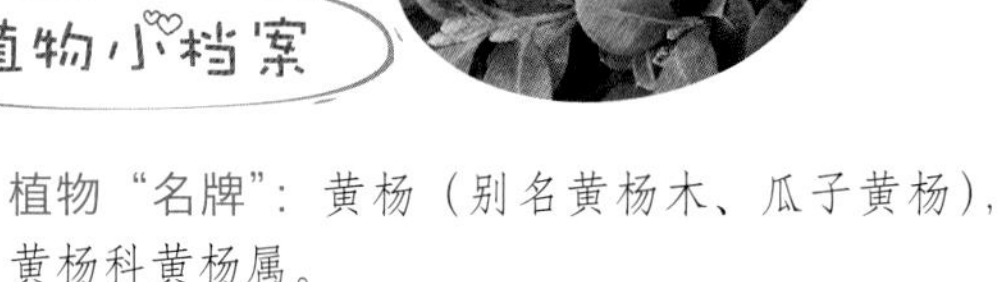

植物“名牌”：黄杨（别名黄杨木、瓜子黄杨），黄杨科黄杨属。

一眼认识你：灌木或小乔木，高1～6米。枝圆柱形，有纵棱，灰白色；小枝四棱形，全面被短柔毛或外方相对两侧面无毛。叶革质，阔椭圆形、阔倒卵形、卵状椭圆形或长圆形，叶面光亮，中脉凸出，下半段常有微细毛。花序腋生，头状，花密集，雄花约10朵，无花梗，外萼片卵状椭圆形，内萼片近圆形，长2.5～3毫米，无毛，雄蕊连花药长4毫米，不育雌蕊有棒状柄，末端膨大；雌花萼片长3毫米，子房较花柱稍长，无毛。蒴果近球形。花期3月，果期5～6月。

生于何方：产于中国陕西、甘肃、湖北、四川、贵州、广西、广东、江西、浙江、安徽、江苏、山东各省区，有部分属于栽培。多生山谷、溪边、林下，海拔1200～2600米处。

植物情报局

A 这种植物在园林绿化中有什么应用价值?

园林中常作绿篱、大型花坛镶边，修剪成球形或其他造型栽培，点缀山石或制作盆景。

B 黄杨可以制作盆景吗?

黄杨盆景树姿优美，叶小如豆瓣，质厚而有光泽，四季常青，可终年观赏。杨派黄杨盆景，枝叶经剪扎加工，成“云片状”，平薄如削，再点缀山石，雅美如画。黄杨春季嫩叶初发，满树嫩绿，十分悦目，是家庭培养盆景的优良材料。

C 黄杨木雕发源于哪里?

黄杨木雕是一种圆雕艺术，取材于黄杨木，发源于乐清，已有160多年历史。它和东阳木雕、青田石雕并称“浙东三雕”。 它利用黄杨木的木质光洁、纹理细腻、色彩庄重的自然形态取材。黄杨木雕呈乳黄色，时间愈久，其颜色由浅而深，给人以古朴典雅的美感。黄杨木的香气很轻，很淡，雅致而不俗艳，是那种完全可以用清香来形容的味道，并且可以驱蚊，另外，黄杨木还有杀菌和消炎止血的功效，在黄杨木生长地的山民，就有采黄杨叶用做止血药和放置黄杨树枝来驱蚊蝇的习惯。

叶卵形全缘
金叶女贞

近似种：
小叶女贞（果）

植物“名牌”：金叶女贞（别名黄叶女贞），木犀科女贞属。

一眼认识你：落叶灌木，是金边卵叶女贞和欧洲女贞的杂交种。叶片较大，单叶对生，椭圆形或卵状椭圆形，长2 ~ 5厘米。总状花序，小花白色。核果阔椭圆形，紫黑色。花期5 ~ 6月，果期10月下旬。

生于何方：我国各地栽培普遍。

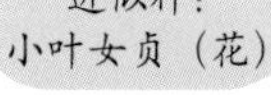

A 这种植物在园林绿化中有什么应用价值?

金叶女贞在生长季叶色呈鲜艳的金黄色，可与红叶的紫叶小檗、红花檵木、绿叶的龙柏、黄杨等组成灌木状色块，形成强烈的色彩对比，具极佳的观赏效果，也可修剪成球形。由于其叶色为金黄色，所以大量应用在园林绿化中，主要用来组成图案和建造绿篱。

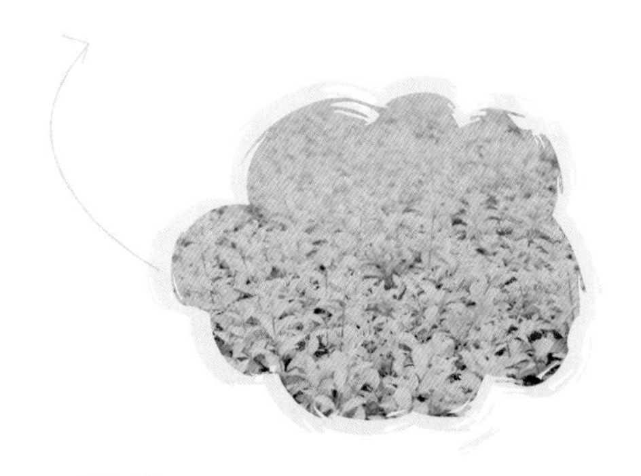

B 这种植物有何药用价值?

金叶女贞具有收敛利尿，兴奋等功效，可以用来治疗肌肉疼痛，还有清热，解毒，止咳，平喘的功效。

C 金森女贞和金叶女贞有何区别?

金森女贞为常绿小乔木，嫩叶呈金黄色，叶厚且具革质，明亮光泽，观赏性能明显优于金叶女贞，同时抗性良好，近年来很多地方已用其逐步代替金叶女贞。

叶卵形全缘

毛梾

植物“名牌”：毛梾（别名小六谷、车梁木），山茱萸科梾木属。

一眼认识你：落叶乔木，高6～15米。叶对生，纸质，椭圆形、长圆椭圆形或阔卵形，长4～15.5厘米，宽1.7～8厘米，先端渐尖，基部楔形，有时稍不对称，上面深绿色，稀被贴生短柔毛，下面淡绿色，密被灰白色贴生短柔毛。伞房状聚伞花序顶生，花密，宽7～9厘米，被灰白色短柔毛；总花梗长1.2～2厘米；花白色，有香味。核果球形，直径6～8毫米，成熟时黑色，近于无毛；核骨质，扁圆球形，直径5毫米，高4毫米，有不明显的肋纹。花期5月，果期9月。

生于何方：产于中国辽宁、河北、山西南部以及华东、华中、华南、西南各地区。生于海拔300～1800米，稀达2600～3300米的杂木林或密林下。

植物情报局

A 毛梾为何又叫“车梁木”？

毛梾生长极其缓慢，数十年不见其增高，木质坚硬如铁，斧难砍，锯难断。以石块击之，石碎而树无损。传说当年孔子乘马拉木车周游列国时，常因路之颠簸而致车梁断毁，后偶遇此木，伐做车梁，虽历尽坎坷，路遥马瘦，而车梁竟毫无伤损。后人故把此树称之为车梁木。

B 毛梾油可以吃吗？

毛梾油属半干性油，含有人体所需脂肪酸。此外可作工业用油，是机械、钟表机件润滑油和油漆原料。旧时人们也当作一般食用菜油食用。毛梾单株产油量高，盛产期能有100千克。

C 这种植物有何经济价值？

本种是木本油料植物，果实含油可达27%～38%，供食用或作高级润滑油，油渣可作饲料和肥料；木材坚硬，纹理细密、美观，可作家具、车辆、农具等用；叶和树皮可提制栲胶，又可作为“四旁”（指树旁、路旁、水旁、宅旁）绿化和水土保持树种。

叶卵形全缘

美人蕉

植物小档案

植物“名牌”：美人蕉（别名红艳蕉、小芭蕉），美人蕉科美人蕉属。

一眼认识你：多年生草本植物，高可达1.5米，全株绿色无毛，被蜡质白粉。具块状根茎。地上枝丛生。单叶互生；具鞘状的叶柄；叶片卵状长圆形。总状花序，花单生或对生；萼片3，绿白色，先端带红色；花冠大多红色，外轮退化雄蕊2～3枚，鲜红色；唇瓣披针形，弯曲。蒴果，长卵形，绿色。花、果期3～12月。

生于何方：美人蕉原产美洲、印度、马来半岛等热带地区，分布于印度以及中国大陆的南北各地，生长于海拔800米的地区。全国各地均可栽培，但不耐寒，霜冻后花朵及叶片凋零。

A 美人蕉一般如何繁殖？

块茎繁殖一般在3～4月进行，将老根茎挖出，分割成块状，每块根茎上保留2～3个芽，并带有根须，栽入土壤中10厘米深左右，株距保持40～50厘米，浇足水即可。

B 这种植物在园林绿化中有什么应用价值？

美人蕉花大色艳、色彩丰富，株形好，栽培容易。且现在已培育出许多优良品种，观赏价值很高，可盆栽，也可地栽，装饰花坛。能吸收二氧化硫、氯化氢、二氧化碳等气体，抗性较好，具有净化空气、保护环境作用。

C 美人蕉的花语是什么？

美人蕉的花语：坚实的未来。依照佛教的说法，美人蕉是由佛祖脚趾所流出的血变成的，是一种大型的花朵。在阳光下，酷热的天气中盛开的美人蕉，让人感受到它强烈的存在意志。

叶卵形全缘

女贞

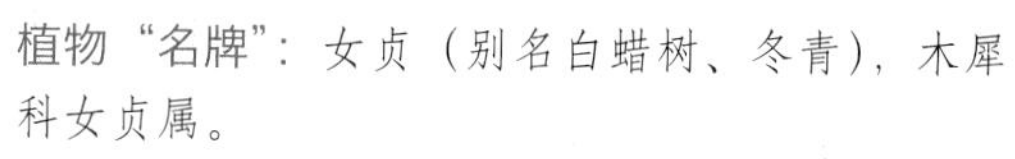

植物“名牌”：女贞（别名白蜡树、冬青），木犀科女贞属。

一眼认识你：常绿乔木。叶片革质，卵形、长卵形或椭圆形至宽椭圆形，长6～17厘米，宽3～8厘米，先端锐尖至渐尖或钝，基部圆形或近圆形，有时宽楔形或渐狭，叶缘平坦，上面光亮，两面无毛。圆锥花序顶生，长8～20厘米，宽8～25厘米；花序梗长0～3厘米，花序轴及分枝轴无毛，紫色或黄棕色，果实具棱；花序基部苞片常与叶同形，小苞片披针形或线形。果肾形或近肾形，长7～10毫米，径4～6毫米，深蓝黑色，成熟时呈红黑色，被白粉；果梗长0～5毫米。花期5～7月，果期7月至翌年5月。

生于何方：产于中国长江以南至华南、西南各省区，向西北分布至陕西、甘肃。朝鲜也有分布，印度、尼泊尔有栽培。

近似种：长叶女贞

A 女贞名称的由来？

《本草纲目》记载："此木凌冬青翠，有贞守之操，故以贞女状之。"女贞传说是古代鲁国一位女子的名字。因其"负霜葱翠，振柯凌风，而贞女慕其名，或树之于云堂，或植之于阶庭"，故名。

B 这种植物在园林绿化中有什么应用价值？

女贞四季婆娑，枝干扶疏，枝叶茂密，树形整齐，是园林中常用的观赏树种，可于庭院孤植或丛植，亦作为行道树。因其适应性强，生长快又耐修剪，也用作绿篱。一般经过3 ~ 4年即可成形，达到隔离效果。

C 女贞有何功效？

女贞果实药用，采收成熟果实晒干或置热水中烫过后晒干，中药称为女贞子。性凉，味甘、苦。有滋养肝肾，强腰膝，乌须明目的功效。

叶卵形全缘 匍匐栒子

植物小档案

植物"名牌"：匍匐栒子（别名匍匐灰栒子、千年矮），蔷薇科栒子属。

一眼认识你：落叶匍匐灌木，茎不规则分枝，平铺地上；小枝细瘦，圆柱形，幼嫩时具糙伏毛，逐渐脱落，红褐色至暗灰色。叶片宽卵形或倒卵形，稀椭圆形。花1～2朵，几无梗，直径7～8毫米；萼筒钟状，外具稀疏短柔毛，内面无毛；萼片卵状三角形，先端急尖，外面有稀疏短柔毛，内面常无毛；花瓣直立，倒卵形，长约4.5毫米，宽几与长相等，先端微凹或圆钝，粉红色；雄蕊约10～15，短于花瓣；花柱2，离生，比雄蕊短；子房顶部有短柔毛。果实近球形，直径6～7毫米，鲜红色，无毛，通常有2小核，稀3小核。花期5～6月，果期8～9月。

生于何方：生于山坡杂木林边及岩石山坡，海拔1900～4000米处。产于中国陕西、甘肃、青海、湖北、四川、贵州、云南、西藏等地。印度、缅甸、尼泊尔均有分布。

A 匍匐栒子和平枝栒子如何区别？

匍匐栒子与平枝栒子的主要不同点，在于后者茎水平展开，呈规则地二列分枝，叶片近圆形或宽椭圆形，稀倒卵形，边缘不呈波状，果实直径4～6毫米，有3小核。

B 这种植物在园林绿化中有什么应用价值？

适宜种植在排水良好的土壤中，生长旺盛，不加人工修剪即可保持匍地生长，春末夏初小型花朵密集枝头，秋季红色或黑色的果实累累，缀满枝梢，其叶和果实都有很高的观赏价值。可片植于坡地、花坛，有很强的覆盖能力。

C 匍匐栒子制作的盆景有何特点？

匍匐栒子盆景因为小巧玲珑，因此搬动轻巧方便，另外枝干古朴苍劲，成熟时鲜红色的小果可寓意家庭和和美美，日子红红火火。

叶卵形全缘

千日红

植物“名牌”：千日红（别名百日红、火球花），苋科千日红属。

一眼认识你：一年生直立草本，高20～60厘米，茎粗壮，有分枝，枝略成四棱形，有灰色糙毛。幼时更密，节部稍膨大。叶片纸质，长椭圆形或矩圆状倒卵形，长3.5～13厘米，宽1.5～5厘米，顶端急尖或圆钝，凸尖，基部渐狭，边缘波状，两面有小斑点、白色长柔毛及缘毛，叶柄长1～1.5厘米，有灰色长柔毛。花多数，密生，成顶生球形或矩圆形头状花序，单一或2～3个，直径2～2.5厘米，常紫红色，有时淡紫色或白色。胞果近球形，直径2～2.5毫米。种子肾形，棕色，光亮。花果期6～9月。

生于何方：原产热带美洲，是热带和亚热带地区常见花卉，中国长江以南普遍种植。

植物情报局

A 千日红有何功效？

花序入药，有止咳祛痰、定喘、平肝明目功效，主治支气管哮喘，急、慢性支气管炎，百日咳，肺结核咯血等症。

B 这种植物在园林绿化中有什么应用价值？

千日红花期长，花色鲜艳，为优良的园林观赏花卉。是花坛、花境的常用材料，且花后不落，色泽不褪，仍保持鲜艳。供观赏，头状花序经久不变，除用作花坛及盆景外，还可作花篮等装饰品。

C 千日红的花语是什么？

花语为不灭的爱。人们平常所见的紫红、粉红、白色的可爱“花朵”实际是小苞片，真正的花很小，埋在苞片中间，非常不显眼。干燥后的苞片可以长久不褪色，所以花名叫做千日红。花语也来源于不易褪色这个特点。

近似种：头花蓼

叶卵形全缘

忍冬

植物小档案

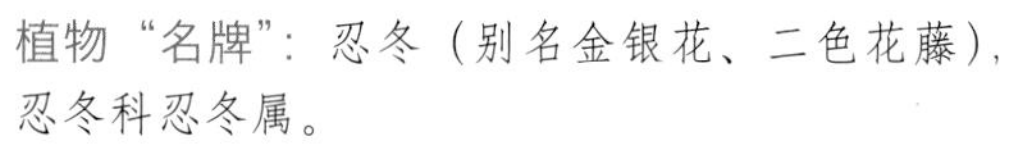

植物“名牌”：忍冬（别名金银花、二色花藤），忍冬科忍冬属。

一眼认识你：半常绿藤本。幼枝红褐色，密被黄褐色、开展的硬直糙毛、腺毛和短柔毛，下部常无毛。叶纸质，卵形至矩圆状卵形，有时卵状披针形，稀圆卵形或倒卵形，极少有1至数个钝缺刻。总花梗通常单生于小枝上部叶腋，与叶柄等长或稍较短，下方者则长达2～4厘米，密被短柔毛并夹杂腺毛；花冠白色，有时基部向阳面呈微红，后变黄色。果实圆形，直径6～7毫米，熟时蓝黑色，有光泽。花期4～6月（秋季亦常开花），果熟期10～11月。

生于何方：中国除黑龙江、内蒙古、宁夏、青海、新疆、海南和西藏无自然生长外，全国其他各省均有分布。日本和朝鲜也有分布。在北美洲逸生成为难除的杂草。

A 忍冬有何功效?

忍冬性甘寒，能清热解毒、消炎退肿，对细菌性痢疾和各种化脓性疾病都有效。“金银花露”是忍冬用蒸馏法提取的芳香性挥发油及水溶性溜出物，为清火解毒的良品。

B 这种植物在园林绿化中有什么应用价值?

忍冬由于匍匐生长能力比攀援生长能力强，故更适合在林下、林缘、建筑物北侧等处做地被栽培；还可以做绿化矮墙；亦可以利用其缠绕能力制作花廊、花架、花栏、花柱以及缠绕假山石等。优点是蔓生长量大，管理粗放，缺点是蔓与蔓缠绕，地面覆盖高低不平，使人感觉杂乱无章。

C 忍冬为何又叫金银花?

忍冬，3月开花，五出，微香，蒂带红色，花初开则色白，经一二日则色黄，故名金银花。又因为一蒂二花，两条花蕊探在外，成双成对，形影不离，状如雄雌相伴，又似鸳鸯对舞，故有“鸳鸯藤”之称。

叶卵形全缘

山茱萸

植物“名牌”：山茱萸（别名萸肉、药枣），山茱萸科山茱萸属。

一眼认识你：落叶乔木或灌木。树皮灰褐色，小枝细圆柱形，无毛。叶对生，纸质，上面绿色，无毛，下面浅绿色，叶柄细圆柱形，上面有浅沟，下面圆形。伞形花序生于枝侧，总苞片卵形，带紫色；总花梗粗壮，微被灰色短柔毛；花小，两性，先叶开放；花萼阔三角形，无毛；花瓣舌状披针形，黄色，向外反卷；雄蕊与花瓣互生，花丝钻形，花药椭圆形；花盘无毛；花梗纤细。核果长椭圆形，红色至紫红色；核骨质，狭椭圆形，有几条不整齐的肋纹。花期3～4月；果期9～10月。

生于何方：产于中国山西、陕西、甘肃、山东、江苏、浙江、安徽、江西、河南、湖南等地。朝鲜、日本也有分布。生于海拔400～1500米处，稀达2100米的林缘或森林中。

植物情报局

A 山茱萸有何功效？

山茱萸的成熟干燥果实，去核后即为名贵药材山萸肉。果入药，为收敛性补血剂及强壮剂；可健胃、补肝肾、治贫血、腰痛、神经及心脏衰弱等症。其性味酸涩、入肝、肾经。酸涩收敛，有滋肝补肾、固肾涩精的作用，适用于肝肾不足所致的腰膝酸软、遗精滑泄、眩晕耳鸣之症。

B 这种植物在园林绿化中有什么应用价值？

山茱萸先开花后萌叶，秋季红果累累，绯红欲滴，艳丽悦目，为秋冬季观果佳品，应用于园林绿化很受欢迎，可在庭园、花坛内单植或片植，景观效果十分美丽。盆栽观果可达3个月之久，在花卉市场十分畅销。

C 文学作品及典籍中提到过这种植物吗？

山茱萸这个名称最早出现在《神农本草经》中。古人把山茱萸作为祭祀、避邪之物，传说战国时期的楚王妃曾经佩戴茱萸首饰，于重阳日登高畅游，插茱萸枝、佩茱萸囊、饮茱萸酒、吟茱萸诗，极尽欢娱之乐。文人们于重阳结伴外出登高赏茱萸，尤其在唐代，白居易、杜甫、寒山等几十位诗人，均有吟唱重阳登高及插茱萸的诗，而最为脍炙人口的是王维的《九月九日忆山东兄弟》，诗曰：“遥知兄弟登高处，遍插茱萸少一人。”不过，具体古代山茱萸指哪种植物还有异议。

叶卵形全缘

石楠

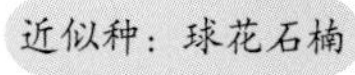

近似种：球花石楠

植物“名牌”：石楠（别名细齿石楠、凿木），蔷薇科石楠属。

一眼认识你：常绿灌木或中型乔木，高3～6米，有时可达12米。叶片革质，长椭圆形、长倒卵形或倒卵状椭圆形，长9～22厘米，宽3～6.5厘米，先端尾尖，基部圆形或宽楔形，边缘有疏生具腺细锯齿。复伞房花序顶生，直径10～16厘米；花瓣白色，近圆形，直径3～4毫米，内外两面皆无毛；雄蕊20，外轮较花瓣长，内轮较花瓣短，花药带紫色。果实球形，直径5～6毫米，红色，后成褐紫色。花期6～7月，果10～11月成熟。

生于何方：产于中国安徽、甘肃、河南、江苏、陕西、浙江、江西、湖南、湖北、福建、台湾、广东、广西、四川、云南、贵州等地。日本、印度尼西亚也有分布。

A 什么地方能看到这种植物？

在中国武汉等地栽培较多。

B 这种植物在园林绿化中有什么应用价值？

石楠枝繁叶茂，枝条能自然发展成圆形树冠，终年常绿。其叶片翠绿色，具光泽，早春幼枝嫩叶为紫红色，枝叶浓密，老叶经过秋季后部分出现赤红色，夏季密生白色花朵，秋后鲜红果实缀满枝头，鲜艳夺目，是一种观赏价值极高的常绿阔叶乔木，作为庭荫树或进行绿篱栽植效果更佳。根据园林绿化布局需要，可修剪成球形或圆锥形等不同的造型。在园林中孤植或基础栽植均可，丛栽使其形成低矮的灌木丛，可与金叶女贞、紫叶小檗、扶芳藤、俏黄芦等组成美丽的图案，让人赏心悦目。

C 石楠花有什么特殊气味？

石楠开的花会散发出奇怪的气味，更确切地说是像精液的气味，很多人会有不适感。其实很多植物的花都有类似石楠花这种浓烈的气味，比如女贞花、板栗花等。精液的味道来自于精氨的氧化产物，而板栗花的特征味道来自于壬醛类化合物，两者有相似之处。石楠花的气味具体的来源物质尚无法查证。

叶卵形全缘

柿

植物小档案

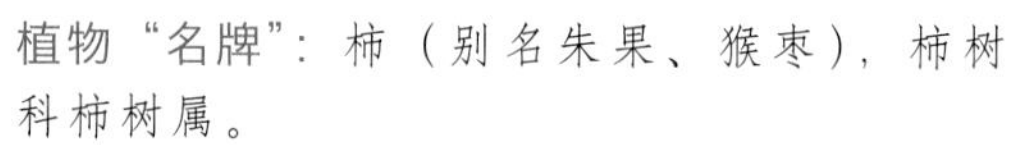

植物“名牌”：柿（别名朱果、猴枣），柿树科柿树属。

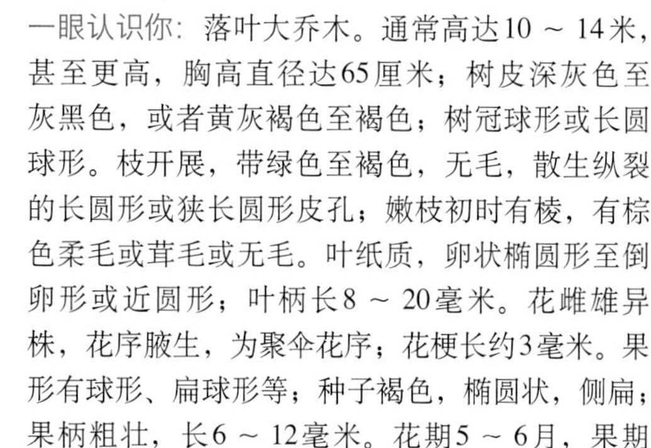

一眼认识你：落叶大乔木。通常高达10～14米，甚至更高，胸高直径达65厘米；树皮深灰色至灰黑色，或者黄灰褐色至褐色；树冠球形或长圆球形。枝开展，带绿色至褐色，无毛，散生纵裂的长圆形或狭长圆形皮孔；嫩枝初时有棱，有棕色柔毛或茸毛或无毛。叶纸质，卵状椭圆形至倒卵形或近圆形；叶柄长8～20毫米。花雌雄异株，花序腋生，为聚伞花序；花梗长约3毫米。果形有球形、扁球形等；种子褐色，椭圆状，侧扁；果柄粗壮，长6～12毫米。花期5～6月，果期9～10月。

生于何方：原产于中国长江流域，东至台湾省，其他各省区多有栽培。朝鲜、日本及东南亚、大洋洲、北非的阿尔及利亚、法国、俄罗斯、美国等国家地区有栽培。

植物情报局

我国有哪些传统柿树品种？

中国栽培的柿树有许多品种，据不完全统计有800个以上，其中一些著名或优良品种有河北、河南、山东、山西的大磨盘柿，陕西临潼的火晶柿、三原的鸡心柿、浙江的古荡柿、广东的大红柿、广西北部的恭城水柿，以及阳朔、临桂的牛心柿等。

B 这种植物在园林绿化中有什么应用价值？

柿树适应性及抗病性均强，柿树寿命长，可达300年以上。叶片大而厚。到了秋季柿果红彤彤，外观艳丽诱人；到了晚秋，柿叶也变成红色，此景观极为美丽。故柿树是园林绿化和庭院经济栽培的最佳树种之一。尤其是当前广大农村正在发展庭院经济的情况下，可大力推广柿树这一理想树种，因为其既可美化环境，又可获得较为可观的经济效益。

C 柿子为何不宜空腹食用？

柿子含有较多的鞣酸及果胶，如果是空腹，它们就会在胃酸的作用下形成硬块，而这些硬块并不能正常消化吸收，它们滞留在胃中形成胃柿石。结石大到一定程度，就会造成消化道梗阻。所以吃柿子前要先吃些东西，能避免胃柿石的形成。

D 柿子有哪些吃法？

果实常经脱涩后作水果，经过适当处理，可贮存数月；如采用冷冻法处理，贮藏在-10℃的低温，一年中都可随时取食。柿子亦可加工制成柿饼。山东益阳、兖州、吴村、菏泽一带，所产火饼、藁饼，都是带白霜的柿饼；陕西、洛阳、嵩山一带所产的“黄饼”，柿霜浓厚。

叶卵形全缘

蝟实

植物小档案

植物“名牌”：蝟实（别名猬实、美人木），忍冬科蝟实属。

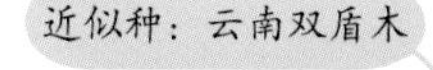
近似种：云南双盾木

一眼认识你：多分枝直立灌木，高达3米。叶椭圆形至卵状椭圆形，长3～8厘米，宽1.5～2.5厘米，顶端尖或渐尖，基部圆或阔楔形，全缘，少有浅齿状。伞房状聚伞花序具长1～1.5厘米的总花梗；花冠淡红色，长1.5～2.5厘米，直径1～1.5厘米，基部甚狭，中部以上突然扩大，外有短柔毛，裂片不等，其中二枚稍宽短，内面具黄色斑纹；花药宽椭圆形；花柱有软毛，柱头圆形，不伸出花冠筒外。果实密被黄色刺刚毛，顶端伸长如角，冠以宿存的萼齿。花期5～6月，果熟期8～9月。

生于何方：为中国特有种。产于中国山西、陕西、甘肃、河南、湖北及安徽等省。生于海拔350 ～ 1340米的山坡、路边和灌丛中。

这种植物在园林绿化中有什么应用价值？

植株紧凑，树干丛生，株丛姿态优美，开花期正值初夏百花凋谢之时，故更为可贵。其花序紧凑、花密色艳，盛开时繁花似锦、满树粉红，给人以清新、兴旺的感觉，且耐寒、耐旱、耐瘠薄，管理粗放，抗性强，可广泛用于长江以北多种场合的绿化和美化。夏秋全树挂满形如刺猬的小果，作为观果花卉，亦属别致，是初夏北方重要的花灌木之一。蝟实于园林中群植、孤植、丛植均美。既可作为孤植树栽植于房前屋后、庭院角隅，也可三三两两呈组状栽植于草坪、山石旁、水池边或坡地，使景观更加贴近自然，还可以与乔木、绿篱等一起配植于道路两侧、花带等形成一个多变的、多层次的立体造型，既增加了绿化层次，又丰富了园林景色。

蝟实有何科研价值?

蝟实是华北植物区系古老的孑遗成员，也是忍冬科孑遗属种，与忍冬科其他物种的差异较大，起源于古北大陆南部，远在第三纪以前即已形成和发展，成为分类上孤立、形态上特殊的种类，对研究华北植物区系的发生和与临近地区植物区系的关系有重要的科研价值，在分类学及植物系统学上有一定研究价值，对于研究我国植物起源和古代植物区系发展具有一定意义，蝟实在中国山西、陕西、河南、湖北、甘肃、安徽6省区荒坡、林缘呈现块状间断分布，对研究地史变迁、古气候的变化也有重要的意义。

蝟实种子如何传播?

蝟实的种子可借山羊、獾等动物传播，但因其种皮坚硬，果刺常钩悬在其他植物上，或虽果实落地而因土壤干燥，种子常不易发芽，所以一般天然更新苗极少。

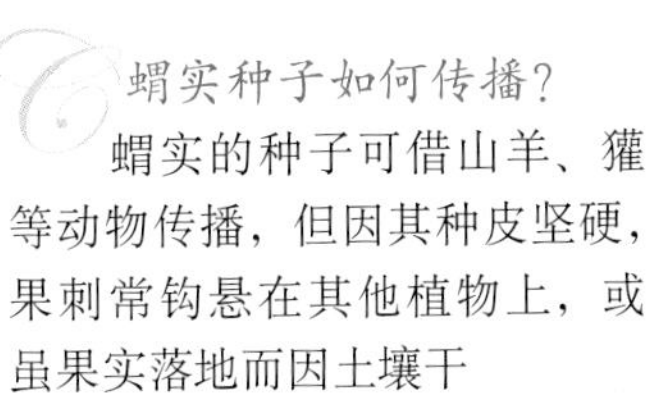

叶卵形全缘

小叶女贞

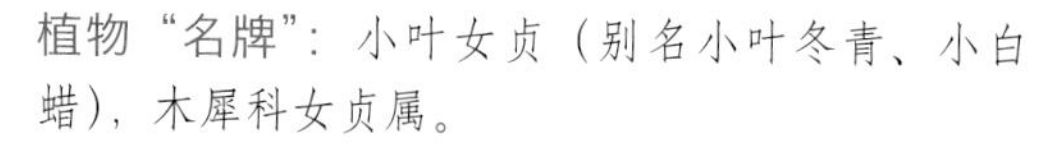

植物“名牌”：小叶女贞（别名小叶冬青、小白蜡），木犀科女贞属。

一眼认识你：落叶灌木，高1～3米。叶片薄革质，形状和大小变异较大，披针形、长圆状椭圆形、椭圆形、倒卵状长圆形至倒披针形或倒卵形，先端锐尖、钝或微凹，基部狭楔形至楔形，叶缘反卷，上面深绿色，下面淡绿色。圆锥花序顶生，近圆柱形。果倒卵形、宽椭圆形或近球形，长5～9毫米，径4～7毫米，呈紫黑色。花期5～7月，果期8～11月。

生于何方：产于中国陕西南部、山东、江苏、安徽、浙江、江西、河南、湖北、四川、贵州西北部、云南、西藏察隅等地。生于沟边、路旁或河边灌木丛中，或山坡，海拔100～2500米处。

近似种：小蜡

A 这种植物在园林绿化中有什么应用价值?

小叶女贞主要作绿篱栽植；其枝叶紧密、圆整，庭院中常栽植观赏。抗多种有毒气体，是优良的抗污染树种。为园林绿化中重要的绿篱材料，亦可作桂花、丁香等树的砧木。

B 小叶女贞可以制作盆景吗?

小叶女贞是制作盆景的优良树种。它叶小、常绿，且耐修剪，生长迅速，盆栽可制成大、中、小型盆景。老桩移栽，极易成活，树条柔嫩易扎定型，一般三五年就能成型，极富自然野趣。

C 小叶女贞有何药用价值?

叶入药，具清热解毒等功效，治烫伤、外伤。树皮入药治烫伤。

叶卵形全缘

小叶栒子

植物小档案

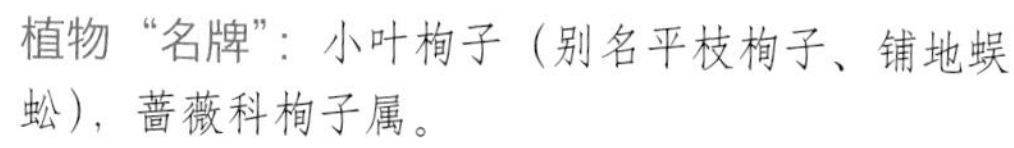

植物“名牌”：小叶栒子（别名平枝栒子、铺地蜈蚣），蔷薇科栒子属。

一眼认识你：常绿矮生灌木，高达1米。枝条开展，小枝圆柱形，红褐色至黑褐色，幼时具黄色柔毛，逐渐脱落。叶片厚革质，倒卵形至长圆倒卵形，长4～10毫米，宽3.5～7毫米，先端圆钝，稀微凹或急尖，基部宽楔形，上面无毛或具稀疏柔毛，下面被带灰白色短柔毛，叶边反卷；叶柄长1～2毫米，有短柔毛；托叶细小，早落。花通常单生，稀2～3朵，直径约1厘米，花梗甚短；萼筒钟状，外面有稀疏短柔毛，内面无毛；萼片卵状三角形，先端钝，外面稍具短柔毛，内面无毛或仅先端边缘上有少数柔毛；花瓣平展，近圆形，长与宽各约4毫米，先端钝，白色；雄蕊15～20，短于花瓣；花柱2，离生，稍短于雄蕊；子房先端有短柔毛。果实球形，直径5～6毫米，红色，内常具2小核。花期5～6月，果期8～9月。

生于何方：产于中国四川、云南、西藏等地。普遍生长于多石山坡地、灌木丛中，海拔2500～4100米。印度、缅甸、不丹、尼泊尔均有分布。

植物情报局

A 小叶栒子可以入药吗？

可以。根：酸、涩，凉。可清热化湿，止血止痛。

B 小叶栒子在园林绿化中如何应用？

常绿矮小灌木，枝横展，叶小枝密，花密集枝头，晚秋叶片颜色红亮，红果累累，是布置岩石园、庭院、绿地等处的良好材料，也可制作盆景。

C 小叶栒子有哪些变种？

小叶栒子白毛变种，叶片和萼筒密被白色柔毛，叶边反卷，产云南、四川；小叶栒子大果变种，具广阔开展枝条和较大叶片及果实，叶片长6 ~ 16毫米，果实直径8 ~ 10毫米，产西藏东南部雅鲁藏布江河谷，海拔2700 ~ 3300米，果色鲜艳，秋冬经久不凋，观赏价值很高；小叶栒子无毛变种，叶片与萼筒在幼时被柔毛，但以后脱落近于无毛，产西藏东南部，生于多石山地，海拔3900 ~ 4200米。不丹、缅甸也有分布；小叶栒子细叶变种，叶片较窄，长圆倒卵形，先端圆钝，基部楔形，叶边反卷，花1 ~ 4朵，直径5 ~ 7毫米，果球形，亮红色，直径约5毫米，产于云南西北部、西藏东南部，海拔3000 ~ 4000米处。

叶卵形全缘

玉兰

植物小档案

植物“名牌”：玉兰（别名白玉兰、木兰），木兰科木兰属。

一眼认识你：落叶乔木，高达25米。胸径1米，枝广展形成宽阔的树冠；树皮深灰色，粗糙开裂；小枝稍粗壮，灰褐色；冬芽及花梗密被淡灰黄色长绢毛。叶纸质，倒卵形、宽倒卵形或倒卵状椭圆形，基部徒长枝叶椭圆形，长10～18厘米，宽6～12厘米，先端宽圆、平截或稍凹，具短突尖。花蕾卵圆形，花先叶开放，直立，芳香；花被片9片，白色，基部常带粉红色，近相似。聚合果圆柱形。花期2～3月（亦常于7～9月再开一次花），果期8～9月。

生于何方：原产于中国长江流域，河南的伏牛山、江西的庐山、安徽的黄山、四川的峨眉山等处有野生。

A 玉兰花可以吃吗？

玉兰花含有丰富的维生素、氨基酸和多种微量元素，有祛风散寒，通气理肺之效。可加工制作成小吃，也可泡茶饮用。

B 玉兰花是哪个市的市花？

1986年经上海市人大常委会审议通过确定为上海市市花。在上海的气候条件下，白玉兰开花特别早，冬去春来，清明节前，它就盛开了。白玉兰洁白如玉，晶莹皎洁，开放时朵朵向上，溢满清香。上海人选择白玉兰为上海市市花，象征着开路先锋奋发向上的精神。

C 玉兰花有何功效？

玉兰花含有挥发油，其中主要为柠檬醛、丁香油酸等，还含有木兰花碱、生物碱、望春花素、癸酸、芦丁、油酸、维生素A等成分，具有一定的药用价值。玉兰花性味辛、温，具有祛风散寒通窍、宣肺通鼻的功效。

D 玉兰花语是什么？

玉兰花花语代表着报恩。

叶卵形全缘

玉簪

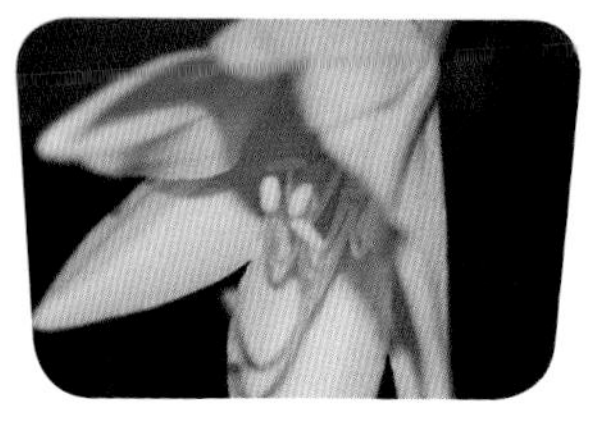

植物小档案

植物“名牌”：玉簪（别名白萼、白鹤仙），百合科玉簪属。

一眼认识你：多年生宿根草本。叶卵状心形、卵形或卵圆形，长14～24厘米，宽8～16厘米，先端近渐尖，基部心形，具6～10对侧脉；叶柄长20～40厘米。花葶高40～80厘米，具几朵至十几朵花；花的外苞片卵形或披针形，长2.5～7厘米，宽1～1.5厘米；内苞片很小；花单生或2～3朵簇生，长10～13厘米，白色，芬香。蒴果圆柱状，有三棱，长约6厘米，直径约1厘米。花果期8～10月。

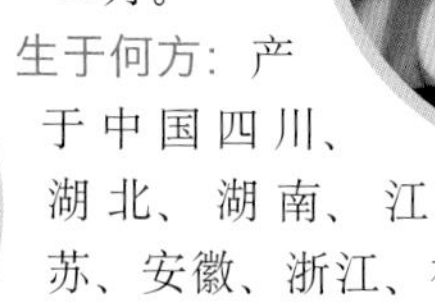

生于何方：产于中国四川、湖北、湖南、江苏、安徽、浙江、福建和广东等地及东北地区也有栽培。

A 这种植物在园林绿化中有什么应用价值?

玉簪是较好的阴生植物，在园林中可用于树下作地被植物，或植于岩石园或建筑物北侧，也可盆栽观赏或作切花用。现代庭园，多配植于林下草地、岩石园或建筑物背面，正是“玉簪香好在，墙角几枝开”。也可三两成丛点缀于花境中。因花夜间开放，芳香浓郁，是夜花园中不可缺少的花卉。还可以盆栽布置室内及廊下。

B 玉簪有何功效?

全草可供药用。花清咽、利尿、通经，亦可供蔬食或作甜菜，但须去掉雄蕊。根、叶有微毒。

C 玉簪的花语是什么?

玉簪的花语为脱俗、冰清玉洁。

植物小档案

植物“名牌”：紫丁香（别名丁香、华北紫丁香），木犀科丁香属。

一眼认识你：落叶灌木或小乔木，高可达5米。树皮灰褐色或灰色。叶片革质或厚纸质，卵圆形至肾形，宽常大于长。圆锥花序直立，由侧芽抽生，近球形或长圆形，长4～20厘米，宽3～10厘米；花梗长0.5～3毫米；花萼长约3毫米，萼齿渐尖、锐尖或钝；花冠紫色，长1.1～2厘米，花冠管圆柱形，长0.8～1.7厘米，裂片呈直角开展，卵圆形、椭圆形至倒卵圆形。果倒卵状椭圆形、卵形至长椭圆形，长1～2厘米，宽4～8毫米，先端长渐尖，光滑。花期4～5月，果期6～10月。

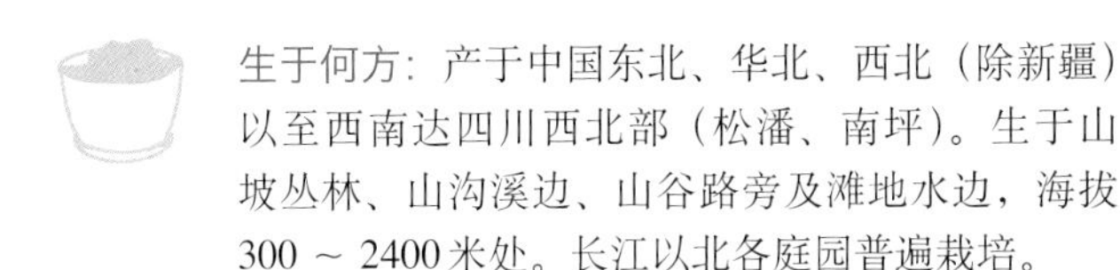

生于何方：产于中国东北、华北、西北（除新疆）以至西南达四川西北部（松潘、南坪）。生于山坡丛林、山沟溪边、山谷路旁及滩地水边，海拔300～2400米处。长江以北各庭园普遍栽培。

这种植物在园林绿化中有什么应用价值？

紫丁香是中国特有的名贵花木，已有1000多年的栽培历史。植株丰满秀丽，枝叶茂密，且具独特的芳香，广泛栽植于庭园、机关、厂矿、居民区等地。常丛植于建筑前、茶室凉亭周围；散植于园路两旁、草坪之中；与其他种类丁香配植成专类园，形成美丽、清雅、芳香，青枝绿叶，花开不绝的景区，观赏效果极佳；也可盆栽，促成栽培、切花等用。

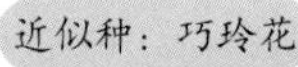
近似种：巧玲花

B 紫丁香的花语是什么？？

花语为光辉。紫丁香拥有天国之花的光荣称号，也许是因为它高贵的香味，自古就倍受珍视。因此紫丁香的花语，也是配得上天国之花称号的“光辉”。

C 文学作品及典籍中提到过这种植物吗?

紫丁香于春季盛开，香气浓烈袭人。由于其花朵纤

小文弱，花筒稍长，故给人以欲尽未放之感。宋代王十朋称丁香“结愁千绪，似忆江南主”。历代咏丁香诗，大多有典雅庄重、情味隽永的特点。丁香花未开时，其花蕾密布枝头，称丁香结。唐宋以来，诗人常常以丁香花含苞不放，比喻愁思郁结，难以排解，用来写夫妻、情人或友人间深重的离愁别绪。

紫丁香有何功效?

紫丁香的叶可以入药，味苦、性寒，有清热燥湿的作用，民间多用于止泻。

叶卵形全缘

紫萼

植物小档案

植物“名牌”：紫萼（别名东北玉簪、剑叶玉簪），百合科玉簪属。

一眼认识你：多年生草本植物。根状茎粗。叶卵状心形、卵形至卵圆形，先端近短尾状或骤尖，基部心形或近截形。花葶高可达100厘米，有花。苞片矩圆状披针形，白色，膜质。花单生，盛开时从花被管向上骤然作近漏斗状扩大，紫红色；雄蕊伸出花被之外，完全离生。蒴果圆柱状。花期6～7月，果期7～9月。

生于何方：分布于中国江苏（南部）、安徽、浙江、福建（北部）、江西、广东（北部）、广西（北部）、贵州、云南（宾川、大理）、四川、湖北、湖南和陕西（秦岭以南）等地。生于林下、草坡或路旁，海拔500～2400米。

A 紫萼有何功效?

紫萼有散瘀止痛、解毒的功效，治跌打损伤、胃痛。其根还可用于治疗牙痛、赤目红肿、咽喉肿痛、乳腺炎、中耳炎、疮痛肿毒、烧烫伤、蛇咬伤等。近年来，紫萼在医疗方面的作用又有了新的突破，据研究，其在抗非特异性炎症方面很有价值，特别是对中老年人呼吸道疾病的防治方面，有特殊疗效。

B 这种植物在园林绿化中有什么应用价值?

本种叶片墨绿色，花瓣紫色，园艺品种很多，有花边紫萼或花叶紫萼，适宜配植于花坛、花境和岩石园，可成片种植在林下、建筑物背阴处或其他裸露的荫蔽处，也可盆栽供室内观赏，极具观赏价值和绿化功能。

C 紫萼可以吃吗?

紫萼作为食用的蔬菜，是灾荒年间人们为了充饥在山上寻野菜时发现的，其嫩芽和生长期的叶柄经焯水后均可供食用。作为菜肴，其具有清香可口、滑而不黏，外观碧绿如玉、视觉效果好的特点。

叶卵形全缘

紫荆

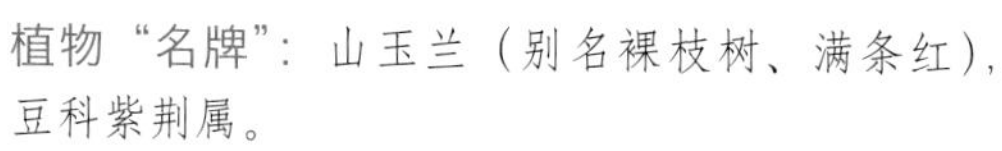

植物“名牌”：山玉兰（别名裸枝树、满条红），豆科紫荆属。

一眼认识你：丛生或单生落叶灌木，高2 ~ 5米。树皮和小枝灰白色。叶纸质，近圆形或三角状圆形，长5 ~ 10厘米，宽与长相若或略短于长，先端急尖，基部浅至深心形，两面通常无毛，嫩叶绿色，仅叶柄略带紫色，叶缘膜质透明，新鲜时明显可见。花紫红色或粉红色，2 ~ 10余朵成束，簇生于老枝和主干上，尤以主干上花束较多，越到上部幼嫩枝条则花越少，通常先于叶开放，但嫩枝或幼株上的花则与叶同时开放。荚果扁狭长形，绿色。花期3 ~ 4月，果期8 ~ 10月。

生于何方：产于中国东南部，北至河北，南至广东、广西，西至云南、四川，西北至陕西，东至浙江、江苏和山东等省区。为常见的栽培植物，多植于庭园、屋旁、街边，少数生于密林或石灰岩地区。

植物情报局

A 紫荆和香港紫荆花是不是同一种植物?

不是的。香港紫荆花是豆科羊蹄甲属，花较大；而紫荆是豆科紫荆属，花小。

B 这种植物在园林绿化中有什么应用价值?

紫荆先花后叶，花形如蝶，满树皆红，艳丽可爱，叶片心形，多丛植于草坪边缘和建筑物旁，园路角隅或树林边缘。因开花时，叶尚未发出，故宜与常绿之松柏配植为前景或植于浅色的物体前面，如白粉墙之前或岩石旁。

C 紫荆有何功效?

树皮可入药，有清热解毒、活血行气、消肿止痛之功效，可治产后血气痛、疔疮肿毒、喉痹。花可治风湿筋骨痛。

叶卵形全缘

紫薇

植物小档案

植物“名牌”：紫薇（别名百日红、痒痒树），千屈菜科紫薇属。

一眼认识你：落叶灌木或小乔木，高可达7米。树皮平滑，灰色或灰褐色；枝干多扭曲，小枝纤细；叶互生或有时对生，纸质，椭圆形、阔矩圆形或倒卵形；蒴果椭圆状球形或阔椭圆形，幼时绿色至黄色，成熟时或干燥时呈紫黑色，室背开裂；种子有翅，长约8毫米。花期6～9月，果期9～12月。

生于何方：中国广东、广西、湖南、福建、江西、浙江、江苏、湖北、河南、河北、山东、安徽、陕西、四川、云南、贵州及吉林等地均有生长或栽培。

植物情报局

A 这种植物在园林绿化中有什么应用价值？

紫薇具有极高的观赏价值，并且具有易栽培、易管理的特点。在园林中可根据当地的实际情况和造景的需求，采用孤植、对植、群植、丛植和列植等方式进行科学而艺术地造景。如丛植或群植于山坡、平地或风景区内；配植于水滨、池畔，观赏效果极佳；配植于山石、立峰之旁；配植于常绿树丛之中。紫薇叶色在春天和深秋变红变黄，因而在园林绿化中常将紫薇配植于常绿树群之中，以解决园中色彩单调的弊端；而在草坪中点缀数株紫薇则给人以气氛柔和、色彩明快的感觉。

B 紫薇的花语是什么？

沉迷的爱、好运、雄辩、女性。

C 紫薇是哪些地方的市花？

紫薇是浙江省海宁市、河南省安阳市、山东省泰安市、江苏省徐州市、四川省自贡市、湖北省襄阳市、江苏省金坛市、山东省烟台市、河南省济源市、山西省晋城市的市花。

D 紫薇为何又名“痒痒树”？

紫薇树成年后树皮脱落树干光滑，当人用手触摸树干时，紫薇树会轻轻抖动枝叶，类似于人怕痒时的反应，所以又叫“痒痒树”。

紫叶小檗

植物“名牌”：紫叶小檗（别名红叶小檗），小檗科小檗属。

一眼认识你：落叶灌木。幼枝淡红带绿色，无毛，老枝暗红色具条棱；节间长1～1.5厘米。叶菱状卵形，长5～35毫米，宽3～15毫米，先端钝，基部下延成短柄，全缘，紫红色。花2～5朵成具短总梗并近簇生的伞形花序，或无总梗而呈簇生状，花梗长5～15毫米，花被黄色；小苞片带红色，长约2毫米，急尖；外轮萼片卵形，长4～5毫米，宽约2.5毫米，先端近钝，内轮萼片稍大于外轮萼片；花瓣长圆状倒卵形，长5.5～6毫米，宽约3.5毫米，先端微缺，基部以上腺体靠近；雄蕊长3～3.5毫米，花药先端截形。浆果红色，椭圆形，长约10毫米，稍具光泽，含种子1～2颗。花期4～6月，果期7～10月。

生于何方：原产日本，现中国浙江、安徽、江苏、河南、河北等地也有生长。中国各省市广泛栽培。

这种植物在园林绿化中有什么应用价值？

紫叶小檗春开黄花，秋缀红果，是叶、花、果俱美的观赏花木，园林常用作花篱或在园路角隅丛植，点缀于池畔、岩石间。也用作大型花坛镶边或剪成球形对称配植。适宜坡地成片种植，与常绿树种作块面色彩布置用来布置花坛、花境，是园林绿化中色块组合的重要树种。亦可盆栽观赏或剪取果枝瓶插供室内装饰用。由于比较耐阴，是乔木下、建筑物荫蔽处栽植的好材料。也可盆栽后放置室内外。由于本种较耐寒，冬季在门厅、走廊温度较低的地方都能摆放，为许多室内观叶植物所不及。

这种植物有何功效？

根和茎含小檗碱，可供提取黄连素的原料。民间枝、叶煎水服，可治结膜炎。根皮可作健胃剂。茎皮去外皮后，可作黄色染料。

紫叶小檗和日本小檗有什么关系？

紫叶小檗是日本小檗的变种，不同之处在于紫叶小檗叶色为紫红色。

叶卵形全缘

紫玉兰

植物“名牌”：紫玉兰（别名辛夷、木笔），木兰科木兰属。

一眼认识你：落叶灌木，高达3米，常丛生。树皮灰褐色，小枝绿紫色或淡褐紫色。叶椭圆状倒卵形或倒卵形，长8～18厘米，宽3～10厘米，先端急尖或渐尖，基部渐狭沿叶柄下延至托叶痕，上面深绿色，幼嫩时疏生短柔毛，下面灰绿色，沿脉有短柔毛。花蕾卵圆形，被淡黄色绢毛；花叶同时开放，瓶形，直立于粗壮、被毛的花梗上，稍有香气；花被片9～12，外轮3片萼片状，紫绿色，披针形长2～3.5厘米，常早落，内两轮肉质，外面紫色或紫红色，内面带白色。聚合果深紫褐色，变褐色，圆柱形。花期3～4月，果期8～9月。

生于何方：产于中国福建、湖北、四川、云南西北部。生于海拔300～1600米的山坡林缘。该种为中国2000多年的传统花卉，中国各大城市都有栽培，并已引种至欧美各国都市，花色艳丽，享誉中外。

A 紫玉兰有何用途?

紫玉兰的树皮、叶、花蕾均可入药。花蕾晒干后称辛夷，气香、味辛辣，含柠檬醛、丁香油酚、桉油精为主的挥发油，主治鼻炎、头痛，作镇痛消炎剂，为中国2000多年传统中药，亦作玉兰、白兰等木兰科植物的嫁接砧木。

B 这种植物在园林绿化中有什么应用价值?

紫玉兰是著名的早春观赏花木，早春开花时，满树紫红色花朵，幽姿淑态，别具风情，适用于古典园林中厅前院配植，也可孤植或散植于小庭院内。

C 紫玉兰和二乔玉兰有何区别?

很多二乔玉兰花也是紫色，与紫玉兰比较难以区分，但紫玉兰为灌木状，花较为细瘦，可与二乔玉兰区别。

叶卵形全缘

金银忍冬

植物“名牌”：金银忍冬（别名金银木、胯杷果），忍冬科忍冬属。

一眼认识你：落叶灌木，高达6米。叶纸质，形状变化较大，通常卵状椭圆形至卵状披针形，稀矩圆状披针形或倒卵状矩圆形，更少菱状矩圆形或圆卵形，长5～8厘米，顶端渐尖或长渐尖，基部宽楔形至圆形。花芳香，生于幼枝叶腋；花冠先白色后变黄色，长1～2厘米，外被短伏毛或无毛，唇形，筒长约为唇瓣的1/2，内被柔毛；雄蕊与花柱长约达花冠的2/3，花丝中部以下和花柱均有向上的柔毛。果实暗红色，圆形，直径5～6毫米；种子具蜂窝状微小浅凹点。花期5～6月，果熟期8～10月。

生于何方：分布于中国黑龙江、吉林、辽宁三省的东部，河北、山西南部、陕西、甘肃东南部、山东东部和西南部、江苏、安徽、浙江北部、河南、湖北、湖南西北部和西南部（新宁）、四川东北部、贵州（兴义）、云南东部至西北部及西藏（吉隆）等地。生

近似种：苦糖果

于林中或林缘溪流附近的灌木丛中，海拔达1800米（云南和西藏达3000米）。朝鲜、日本和俄罗斯远东地区也有分布。

A 金银忍冬有何经济用途？

金银忍冬是园林绿化中最常见的树种之一，花是优良的蜜源，果是鸟的美食，并且全株可药用。茎皮可制人造棉，种子油可制肥皂。

B 这种植物在园林绿化中有什么应用价值？

金银忍冬花果并美，具有较高的观赏价值。春天可赏花闻香，秋天可观红果累累。春末夏初层层开花，金银相映，远望整个植株如同一个美丽的大花球。花朵清雅芳香，引来蜂飞蝶绕，因而金银木又是优良的蜜源树种。金秋时节，对对红果挂满枝条，惹人喜爱，也为鸟儿提供了美食。在园林中，常将金银木丛植于草坪、山坡、林缘、路边或点缀于建筑周围，观花赏果两相宜。金银木树势旺盛，枝叶丰满，初夏开花有芳香，秋季红果缀枝头，是良好的观赏灌木。

C 金银忍冬的果可以吃吗？

金银忍冬果实红艳，但却不能食用，谨防误食。

叶卵形全缘
望春玉兰

植物“名牌”：望春玉兰（别名望春花、迎春树），木兰科木兰属。

一眼认识你：落叶乔木，高可达12米，胸径达1米。叶椭圆状披针形、卵状披针形，狭倒卵或卵形，长10 ~ 18厘米，宽3.5 ~ 6.5厘米。花先叶开放，直径6 ~ 8厘米，芳香；花梗顶端膨大，长约1厘米，具3苞片脱落痕；花被9片，外轮3片紫红色，近狭倒卵状条形，长约1厘米，中内两轮近匙形，白色，外面基部常紫红色。聚合果圆柱形，长8 ~ 14厘米，常因部分不育而扭曲。花期3月，果熟期9月。

生于何方：分布于中国河南、湖北、四川、青岛、陕西、山东、甘肃等地，其中河南省南召县是望春玉兰的原生地，也是中国林学会命名的“中国玉兰之乡”。

植物情报局

A 这种植物在园林绿化中有什么应用价值？

望春玉兰树干光滑，枝叶茂密，树形优美，花色素雅，气味浓郁芳香，早春开放，花瓣白色，外面基部紫红色，十分美观。夏季叶大浓绿，有特殊香气，逼驱蚊蝇；仲秋时节，长达20厘米的聚合果，由青变黄红，露出深红色的外种皮，令人喜爱；初冬时花蕾满树，十分壮观，为美化环境，绿化庭院的优良树种。

B 望春玉兰与白玉兰区别？

望春玉兰的花期稍早于白玉兰，望春玉兰的花朵比白玉兰的花朵稍小。望春玉兰的花被片为9个，分3轮，外轮3个花被片退化变得很小；白玉兰的花被片为9个，分3轮，且9个花被片近等长。望春玉兰的叶片先端急尖或短渐尖，白玉兰的叶片先端宽圆、平截或微凹；望春玉兰的叶脉侧脉10 ~ 15条，白玉兰的叶片叶脉8 ~ 10条，且网脉明显。

叶卵形有齿
白杜

植物“名牌”：白杜（别名丝棉木、华北卫矛），卫矛科卫矛属。

一眼认识你：小乔木，高达6米。叶卵状椭圆形、卵圆形或窄椭圆形，长4～8厘米，宽2～5厘米，先端长渐尖，基部阔楔形或近圆形，边缘具细锯齿，有时极深而锐利；叶柄通常细长，常为叶片的1/4～1/3，但有时较短。聚伞花序3至多花，花序梗略扁，长1～2厘米；花4数，淡白绿色或黄绿色，直径约8毫米；小花梗长2.5～4毫米；雄蕊花药紫红色，花丝细长，长1～2毫米。蒴果倒圆心状，4浅裂，长6～8毫米，直径9～10毫米，成熟后果皮粉红色；种子长椭圆状，长5～6毫米，直径约4毫米，种皮棕黄色，假种皮橙红色，全包种子，成熟后顶端常有小口。花期5～6月，果期9月。

生于何方：产地北起中国黑龙江包括华北、内蒙古各省区，南到长江南岸各省区，西至甘肃，除陕西、西南和两广未见野生外，其他各省区均有，但长江以南常以栽培为主。乌苏里地区、西伯利亚南部和朝鲜半岛也有分布。

植物情报局

A 这种植物在园林绿化中有什么应用价值？

白杜树冠卵形或卵圆形，枝叶秀丽，入秋蒴果粉红色，果实有突出的四棱角，开裂后露出橘红色假种皮，在树上悬挂长达2个月之久，引来鸟雀成群，很具观赏价值，是园林绿化的优美观赏树种。园林中无论孤植，还是栽于行道，皆有风韵。它对二氧化硫和氯气等有害气体，抗性较强，宜植于林缘、草坪路旁、湖边及溪畔，也可用做防护林或工厂绿化树种。由于白杜枝、叶、果俱美，抗性强、适应性广，在城市园林、庭院绿化中越来越得到重视。

B 这种植物有什么经济价值？

木材可供器具及细工雕刻用，叶可代茶，树皮含硬橡胶。种子含油率达40%以上，可做工业用油。花果与根均入药。另外，白杜枝条柔韧，且一年生枝条长度都在0.5米以上，是很好的编织原料。

C 白杜在卫矛科中有何特殊性？

卫矛科植物一般都是常绿植物，但白杜比较特殊，为落叶植物，是卫矛科最耐寒树种之一，落叶晚，发芽早，景观效果接近常绿树。南北均可种植，具有其他卫矛科植物难以比拟的优势。

叶卵形有齿
大叶黄杨

植物小档案

植物“名牌”：大叶黄杨（别名冬青卫矛、正木），黄杨科黄杨属。

一眼认识你：常绿灌木或小乔木，高0.6 ~ 2米。胸径5厘米，小枝四棱形，光滑、无毛。叶革质或薄革质，卵形、椭圆状或长圆状披针形以至披针形，叶面光亮，仅叶面中脉基部及叶柄被微细毛，其余均无毛。花序腋生，花序轴长5 ~ 7毫米，有短柔毛或近无毛；苞片阔卵形，雄花8 ~ 10朵，雌花萼片卵状椭圆形。蒴果近球形，长6 ~ 7毫米，宿存花柱长约5毫米，斜向挺出。花期3 ~ 4月，果期6 ~ 7月。

生于何方：产于中国贵州西南部（镇宁、罗甸）、广西东北部（临桂、灌阳）、广东西北部（连县一带）、湖南南部（宜章）、江西南部（安远、会昌）等地。

A 这种植物在园林绿化中有什么应用价值？

春季嫩叶初发，满树嫩绿，十分悦目。枝叶密集而常青，生性强健，一般作绿篱种植，也可修剪成球形。叶色光泽洁净，新叶尤为嫩绿可受。它耐造型扎剪，园林中多作为绿篱材料造型植株材料，植于门旁、草地，或作大型花坛中心。其变种叶色斑谰，可盆栽观赏。

B 大叶黄杨有哪些常见栽培品种？

金心大叶黄杨干皮灰褐色，小枝和叶柄均为淡黄色，叶片中央呈金黄色；银边大叶黄杨叶柄和小枝呈白绿或灰色，叶片边缘具很狭的银白色条带；金边大叶黄杨叶缘金黄色。

C 大叶黄杨和小叶黄杨如何区别？

大叶黄杨高可达8米，叶大，边缘有锯齿；小叶黄杨高可达2米，叶小，边缘无锯齿。

叶卵形有齿
棣棠花

植物小档案

植物“名牌”：棣棠花（别名黄度梅、黄榆梅），蔷薇科棣棠属。

一眼认识你：落叶灌木，高1～2米，稀达3米。小枝绿色，圆柱形，无毛，常拱垂，嫩枝有棱角。叶互生，三角状卵形或卵圆形，顶端长渐尖，基部圆形、截形或微心形，边缘有尖锐重锯齿。单花，着生在当年生侧枝顶端，花梗无毛；花直径2.5～6厘米；萼片卵状椭圆形，顶端急尖，有小尖头，全缘，无毛，果时宿存；花瓣黄色，宽椭圆形，顶端下凹，比萼片长1～4倍。瘦果倒卵形至半球形，褐色或黑褐色，表面无毛，有皱褶。花期4～6月，果期6～8月。

生于何方：原产中国华北至华南，分布于安徽、浙江、江西、福建、河南、湖南、湖北、广东、甘肃、陕西、四川、云南、贵州、北京、天津等地。

植物情报局

这种植物在园林绿化中有什么应用价值？

棣棠花枝叶翠绿细柔，金花满树，别具风姿，可栽在墙隅及管道旁，有遮蔽之效。宜作花篱、花径，群植于常绿树丛之前，古木之旁，山石缝隙之中或池畔、水边、溪流及湖沼沿岸成片栽种，均甚相宜。若配植疏林草地或山坡林下，则显得雅致，野趣盎然，盆栽观赏也可。

B 棣棠花有哪些品种？

一般常见的是单瓣棣棠花。棣棠花还有个变型是重瓣棣棠花。重瓣棣棠花的花为重瓣，湖南、四川和云南有野生，中国南北各地普遍栽培，供观赏用。此外，还有金边和银边等变型，叶边呈黄色或白色，庭园栽培。

C 从拉丁名看，棣棠花原产日本吗？

棣棠花原产中国，只是因为19世纪有个叫Kerr的西方人最初是在日本见到这种花，所以误认为原产地是日本，于是取属名Kerria并在后面加上joponica。在日本，棣棠花是比较受到推崇的，他们将棣棠花叫作山吹，这是因为在古代的日语中，鲜艳的浓黄色就是山吹色。

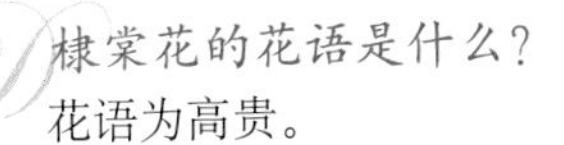

D 棣棠花的花语是什么？

花语为高贵。

E 棣棠跟棠棣是同一种植物吗？

不是。棠棣花《诗经》中即已出现。至于那是怎样的花，说法颇多。普通所谓棠棣花，现在叫作“郁李”，总之是像李一样的植物。开花期与花形也跟李一样，花为白色，只是略小而已。

叶卵形有齿

杜仲

植物小档案

植物“名牌”：杜仲（别名丝棉皮、胶树），杜仲科杜仲属。

一眼认识你：落叶乔木，高达20米。胸径约50厘米，树皮灰褐色，粗糙，内含橡胶，折断拉开有多数细丝。嫩枝有黄褐色毛，不久变秃净，老枝有明显的皮孔。叶椭圆形、卵形或矩圆形，薄革质，长6～15厘米，宽3.5～6.5厘米；基部圆形或阔楔形，先端渐尖；上面暗绿色，初时有褐色柔毛，不久变秃净，老叶略有皱纹，下面淡绿，初时有褐毛，以后仅在脉上有毛。花生于当年枝基部，雄花无花被。翅果扁平，长椭圆形，长3～3.5厘米，宽1～1.3厘米，先端2裂，基部楔形，周围具薄翅；坚果位于中央，稍突起，子房柄长2～3毫米，与果梗相接处有关节。早春开花，秋后果实成熟。

生于何方：杜仲是中国的特有种，分布于中国陕西、甘肃、河南、湖北、四川、云南、贵州、湖南、安徽、江西、广西及浙江等省区，现各地广泛栽种。

植物情报局

为什么说杜仲是“中国的橡胶树”？

杜仲也是世界上适应范围最广、发展潜力最大的优质胶源树种。杜仲的果、叶、皮、根中均含有丰富的杜仲胶。基于杜仲胶独特的结构与性能，可以开发出三大类不同用途的材料：橡胶高弹性材料、低温可塑性材料及热弹性材料，广泛应用于橡胶工业、航空航天、国防、船舶、化工、医疗、体育等国民经济各领域，产业覆盖面极广。

杜仲如何鉴别？

药用为杜仲科植物杜仲的树皮，呈扁平的板片状或块状，有时为调剂方便切成丝状，中间有胶丝相连，厚2～7毫米。外表面有灰白色栓皮，可见纵沟，有时可见皮孔呈斜方形，或有时除去栓皮，呈灰褐色，内表面光滑，紫褐色。质脆，易折断，断面有细密银白色胶丝，缓慢拉扯可拉至1厘米以上方断。

杜仲有何重要科研价值?

《神农本草经》谓其“主治腰膝痛，补中，益精气，坚筋骨，除阴下痒湿，小便余沥。久服，轻身耐老”。杜仲是中国特有药材，其药用历史悠久，在临床上有着广泛的应用。迄今已在地球上发现杜仲属植物多达14种，后来它们在大陆和欧洲相继灭绝。存在于中国的杜仲是杜仲科杜仲属仅存的孑遗植物，它不仅有很高的经济价值，而且对于研究被子植物系统演化以及中国植物区系的起源等诸多方面都具有极为重要的科学价值。

叶卵形有齿

扶芳藤

植物“名牌”：扶芳藤（别名络石藤、爬墙草），卫矛科卫矛属。

一眼认识你：常绿藤本灌木。高可达数米，小枝方棱不明显。叶椭圆形，长方椭圆形或长倒卵形，革质、边缘齿浅不明显。聚伞花序，小聚伞花密集，有花，分枝中央有单花，花白绿色，花盘方形，花丝细长，花药圆心形；子房三角锥状。蒴果粉红色，果皮光滑，近球状。种子长方椭圆状，棕褐色。花期6月，果期10月。

生于何方：产于中国江苏、浙江、安徽、江西、湖北、湖南、四川、陕西等地。生长于山坡丛林中。

近似种：络石

植物情报局

A 扶芳藤有哪些品种？

金边扶芳藤，为扶芳藤的栽培品种，叶片较小，长1～2厘米，叶缘金黄色，冬季变为红色；银边扶芳藤，为扶芳藤的栽培品种，叶缘乳白色，冬季变为粉红色；金心扶芳藤，为扶芳藤的栽培品种，叶卵圆形，长2～2.5厘米，浓绿色，叶面分布金黄色斑，茎蔓黄色，多向上生长。

B 这种植物在园林绿化中有什么应用价值？

扶芳藤有很强的攀缘能力，在园林绿化上常用于掩盖墙面、山石，或攀援在花格之上，形成一个垂直绿色屏障。垂直绿化配植树种时，扶芳藤可与爬山虎隔株栽种，使两种植物同时攀援在墙壁上，到了冬天，爬山虎落叶休眠，扶芳藤叶片红色光泽，郁郁葱葱，显得格外优美。扶芳藤耐阴性特强，种植于建筑物的背阴面或密集楼群阳光不能直射处，亦能生长良好，表现出顽强的适应能力。扶芳藤培养成球形，可与大叶黄杨球相媲美。

C 为什么扶芳藤能用于工矿区绿化？

扶芳藤能抗二氧化硫、三氧化硫、氧化氢、氯、氟化氢、二氧化氮等有害气体，所以可作为空气污染严重的工矿区环境绿化树种。

锦带花

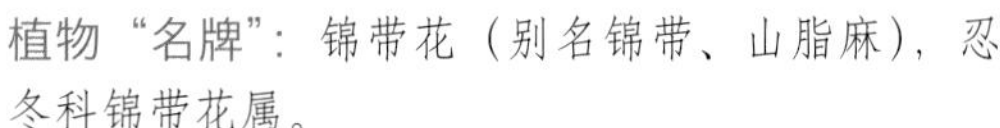

植物“名牌”：锦带花（别名锦带、山脂麻），忍冬科锦带花属。

一眼认识你：落叶灌木，高3米。枝条开展，树形为略圆筒状，有些树枝会弯曲到地面，小枝细弱，幼时具2列柔毛。叶椭圆形或卵状椭圆形，端锐尖，基部圆形至楔形，缘有锯齿，表面脉上有毛，背面尤密。花冠漏斗状钟形，玫瑰红色，裂片5。蒴果柱形，种子无翅。花期4～6月。

生于何方：分布于中国黑龙江、吉林、辽宁、内蒙古、山西、陕西、河南、山东北部、江苏北部等地。生于海拔100～1450米的杂木林下或山顶灌木丛中。俄罗斯、朝鲜和日本也有分布。

A 这种植物在园林绿化中有什么应用价值?

锦带花的花期正值春花凋零、夏花不多之际，花色艳丽而繁多，故为东北、华北地区重要的观花灌木之一。其枝叶茂密，花色艳丽，花期可长达两个多月，在园林应用上是华北地区主要的早春花灌木。适宜庭院墙隅、湖畔群植；也可在树丛林缘作篱笆、丛植配植；点缀于假山、坡地处。锦带花对氯化氢抗性强，是良好的抗污染树种。

B 锦带花常见的栽培品种有哪些?

百年来经杂交育种，选出百余园艺类型和品种。见于栽培的有：美丽锦带花（花浅粉色，叶较小）、白花锦带花（花近白色，有微香）、变色锦带花（初开时白绿色，后变红色）、紫叶锦带花（叶带紫晕，花紫粉色）、斑叶锦带花（叶有白斑）、红王子锦带花（花朵密集，花冠胭脂红色，艳丽悦目）等。

C 锦带花和海仙花如何区分?

锦带花是矮灌木，有红色和粉色，但没有五色；海仙花，又叫五色海棠。其红色、白色、粉色花开在同一枝头上，如同五色，它是乔木，而锦带花是矮灌木。园林树木学上区别此两种植物有一简便俗语："锦带带一半，海仙仙到底"，指锦带花花萼裂片中部以下连合，而海仙花花萼裂片裂至底部，可在花期快速鉴别这两种植物。此外，海仙花种子有翅，锦带花种子几无翅，也是两种植物的识别要点。

叶卵形有齿

蝴蝶戏珠花

植物小档案

植物"名牌"：蝴蝶戏珠花（别名蝴蝶花、蝴蝶荚蒾），忍冬科荚蒾属。

一眼认识你：落叶灌木。叶较狭，宽卵形或矩圆状卵形，有时椭圆状倒卵形，两端有时渐尖，下面常带绿白色，侧脉10～17对。花序直径4～10厘米，外围有4～6朵白色、大型的不孕花，具长花梗，花冠直径达4厘米，不整齐4～5裂；中央可孕花直径约3毫米，萼筒长约15毫米，花冠辐状，黄白色，裂片宽卵形，长约等于筒，雄蕊高出花冠，花药近圆形。果实先红色后变黑色，宽卵圆形或倒卵圆形，长5～6毫米，直径约4毫米；核扁，两端钝形，有1条上宽下窄的腹沟，背面中下部还有1条短的隆起之脊。花期4～5月，果熟期8～9月。

生于何方：产于中国陕西南部、安徽南部和西部、浙江、江西、福建、台湾、河南、湖北、湖南、广东北部、广西东北部、四川、贵州及云南（丽江、马关）等地。日本也有分布。

这种植物在园林绿化中有什么应用价值？

蝴蝶戏珠花花形如盘，真花如珠，装饰花似粉蝶，远眺酷似群蝶戏珠，唯妙惟肖，常用于布置公园、小型庭院，可在路侧、石旁、角隅配植。

蝴蝶戏珠花的不孕花有何作用？

蝴蝶戏珠花在每年的4月末或5月初开花，花为二型花，花序外围有4～6朵白色、大型的不孕花，中间米黄色的是可孕花。据说外围的不孕花是拟态蝴蝶，让真正的蝴蝶误以为是很多同伴聚集在一起采食花蜜，于是争先恐后赴宴，不知不觉间，已为花朵完成了传粉重任。

蝴蝶戏珠花有何药用价值？

根、茎可药用，有舒肝气、化瘀利湿、清热解毒、健脾消积之效。

叶卵形有齿

华榛

植物小档案

植物“名牌”：华榛（别名山白果），桦木科榛属。

一眼认识你：落叶乔木，高可达20米。树皮灰褐色，纵裂；枝条灰褐色，无毛；小枝褐色，密被长柔毛和刺状腺体，很少无毛无腺体，基部通常密被淡黄色长柔毛。叶椭圆形、宽椭圆形或宽卵形，长8～18厘米，宽6～12厘米，顶端骤尖至短尾状，基部心形，两侧显著不对称，边缘具不规则的钝锯齿，上面无毛，下面沿脉疏被淡黄色长柔毛，有时具刺状腺体，侧脉7～11对。叶柄长1～2.5厘米，密被淡黄色长柔毛及刺状腺体。雄花序2～8枚排成总状，长2～5厘米；苞鳞三角形，锐尖，顶端具1枚易脱落的刺状腺体。果2～6枚簇生成头状，长2～6厘米，直径1～2.5厘米；果苞管状，于果的上部缢缩，较果长2倍，外面具纵肋，疏被长柔毛及刺状腺体，很少无毛和无腺体，上部深裂，具3～5枚镰状披针形的裂片，裂片通常又分叉成小裂片。坚果球形，长1～2厘米，无毛。花期4～5月，果期9～10月。

生于何方：分布于中国河南西部，陕西南部，湖北西部，湖南西北部及西南部，四川东北部、东南部及西部，云南西北部。

植物情报局

A 华榛种子可以吃吗?

华榛的种子形似栗子，外壳坚硬，果仁肥白而圆，有香气，含油脂量很大，吃起来特别香美，余味绵绵，成为受人们欢迎的坚果类食品。华榛种子营养丰富，果仁中除含有蛋白质、脂肪、糖类外，胡萝卜素、维生素B_1、维生素B_2、维生素E含量也很丰富。

B 为什么华榛会变成国家保护植物?

华榛为渐危种，是中国中亚热带至北亚热带中山地带阔叶林组成树种之一，能长成高大的乔木。由于森林过度砍伐，其分布面积日益缩小，资源锐减，不仅大树罕见，残存植株也较稀少。华榛果实为兽类喜食，更新十分困难，有被其他阔叶树种更替而陷入濒危绝灭的境地。

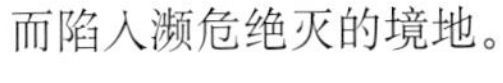

C 华榛有何经济价值?

华榛叶可以生产成十分珍贵的木材，其木材坚硬，纹理、色泽美观，可做小型细木工的材料；部分品种可作植被恢复及园林绿化树种。华榛是非常好的建筑木材并可制作器具。华榛生长较快，是产区的重要造林与干果树种，可做污染严重厂区绿化植物。

叶卵形有齿

桦叶荚蒾

植物“名牌”：桦叶荚蒾（别名高粱花），忍冬科荚蒾属。

一眼认识你：落叶灌木或小乔木，高可达7米。小枝紫褐色或黑褐色，稍有棱角，散生圆形、凸起的浅色小皮孔，无毛或初时稍有毛。冬芽外面多少有毛。叶厚纸质或略带革质，干后变黑色，宽卵形至菱状卵形或宽倒卵形，稀椭圆状矩圆形，长3.5 ~ 12厘米，顶端急短渐尖至渐尖，基部宽楔形至圆形，稀截形，边缘离基1/3 ~ 1/2以上具开展的不规则浅波状牙齿，上面无毛或仅中脉有时被少数短毛，下面中脉及侧脉被少数短伏毛，脉腋集聚簇状毛，侧脉5 ~ 7对；叶柄纤细，长1 ~ 3.5厘米，疏生简单长毛或无毛，近基部常有1对钻形小托叶。复伞形式聚伞花序顶生或生于具1对叶的侧生短枝上，直径5 ~ 12厘米，通常多少被疏或密的黄褐色簇状短毛，总花梗初时通常长不到1厘米，果时可达3.5厘米，第一级辐射枝通常7条，花生于第3 ~ 5级辐射枝上；萼筒有黄褐色腺点，疏被簇状短毛，萼齿小，宽卵状三角形，顶钝，有缘毛；花冠白色，辐状，直径约4毫米，无毛，裂片圆卵形，比筒长；雄蕊常高出花冠，花药宽椭圆形；柱头高出萼齿。果实红色，近圆形，长约6毫米；核扁，长3.5 ~ 5毫米，直径3 ~ 4毫米，顶尖，有1 ~ 3条浅腹沟和2条深背沟。花期6 ~ 7月，果熟期9 ~ 10月。

生于何方：生于海拔1150 ~ 3100米处的山坡林下、沟谷灌丛中。分布于中国四川、贵州、陕西、湖北、湖南、甘肃、山西、河北太行山区。

A 这种植物在园林绿化中有什么应用价值？

桦叶荚蒾花白色，花期夏季，果红色，秋叶艳丽，观赏价值高，丛植于草坪边、林阴下、建筑物前都极适宜，其耐半阴，可栽植于建筑物的东西两侧或北面，丰富耐阴树种的种类。

B 桦叶荚蒾有哪些近似种？

这是一个包含有许多地理种或亚种的多型种，各个地理类型之间无论在冬芽、萼筒和花冠外面毛被的有无或疏密，花冠和果实的大小，以及叶质地的厚薄、形状、上面毛被的有无或疏密，下面腺体和脉腋簇聚毛的有无和锯齿的形状等方面，都存在着错综复杂的变化和过渡现象。主要变种有川滇荚蒾、阔叶荚蒾、新高山荚蒾、湖北荚蒾、卵叶荚蒾、毛花荚蒾等。

叶卵形有齿

黄栌

植物“名牌”：黄栌（别名红叶、红叶黄栌），漆树科黄栌属。

一眼认识你：落叶小乔木或灌木，树冠圆形，高可达3～5米。木质部黄色，树汁有异味；单叶互生，叶片全缘或具齿，叶柄细，无托叶，叶倒卵形或卵圆形。圆锥花序疏松、顶生，花小、杂性，仅少数发育；不育花的花梗花后伸长，被羽状长柔毛，宿存；苞片披针形，早落；花萼5裂，宿存，裂片披针形：花瓣5枚，长卵圆形或卵状披针形，长度为花萼大小的2倍；雄蕊5枚，着生于环状花盘的下部，花药卵形，与花丝等长，花盘5裂，紫褐色；子房近球型，偏斜，1室1胚珠；花柱3枚，分离，侧生而短，柱头小而退化。核果小，干燥，肾形扁平，绿色，侧面中部具残存花柱；外果皮薄，具脉纹，不开裂；内果皮角质；种子肾形，无胚乳。花期5～6月，果期7～8月。

生于何方：原产于中国西南、华北和浙江等地。南欧、叙利亚、伊朗、巴基斯坦及印度北部亦有分布。

植物情报局

A 什么地方能看到这种植物？

著名的北京香山红叶、济南红叶谷、山亭抱犊崮的红叶树就是该树种。

B 这种植物在园林绿化中有什么应用价值？

黄栌是中国重要的观赏树种之一，树姿优美，茎、叶、花都有较高的观赏价值，特别是深秋，叶片经霜变，色彩鲜艳，美丽壮观；其果形别致，成熟果实色鲜红、艳丽夺目。黄栌花后久留不落的不孕花的花梗呈粉红色羽毛状，在枝头形成似云似雾的景观，远远望去，宛如万缕罗纱缭绕树间，历来被文人墨客比作“叠翠烟罗寻旧梦”和“雾中之花”。黄栌在园林造景中最适合城市大型公园、天然公园、半山坡、山地风景区群植成林，黄栌宜孤植或丛植于草坪一隅、山石之侧、常绿树树丛前或单株混植于其他树丛间以及常绿树群边缘，从而体现其个体美和色彩美。黄栌夏季可赏紫烟，秋季能观红叶，这些特点，完全符合现代人的审美情趣，可以极大地丰富园林景观的色彩，形成令人赏心悦目的风景。

黄栌有何功效？

枝叶能清湿热、镇痛疼、活血化瘀，可抗凝血、溶血栓、抗疲劳，具有抗菌消炎、退热消肿等功效。

黄栌叶片为什么秋天会变红呢？

黄栌树叶里除含有叶绿素外，还含有黄色的叶黄素或能显出红色的花青素。春季及夏季由于天气暖和，

叶绿素大量生成，其他色素很少，所以黄栌叶片为绿色；入秋之后随着气温逐渐下降，叶绿素不断减少，到天冷时不再生成，并在阳光下发生分解。这时，其他的色素就显露出来，于是含有叶黄素的叶片就变黄了，含有花青素的叶片就变红了。花青素在温度低时反而容易形成，所以深秋时含有花青素的黄栌叶会变得一片火红。

叶卵形有齿

火棘

植物“名牌”：火棘（别名火把果、救军粮），蔷薇科火棘属。

一眼认识你：常绿灌木，高达3米。侧枝短，先端成刺状，嫩枝外被锈色短柔毛，老枝暗褐色，无毛；芽小，外被短柔毛。叶片倒卵形或倒卵状长圆形，长1.5～6厘米，宽0.5～2厘米，先端圆钝或微凹，有时具短尖头，基部楔形，下延连于叶柄，边缘有钝锯齿，齿尖向内弯，近基部全缘，两面皆无毛；叶柄短，无毛或嫩时有柔毛。花集成复伞房花序，直径3～4厘米，花梗和总花梗近于无毛，花梗长约1厘米；花直径约1厘米；萼筒钟状，无毛；萼片三角卵形，先端钝；花瓣白色，近圆形，长约4毫米，宽约3毫米；雄蕊20，花丝长3～4毫米，药黄色；花柱5，离生，与雄蕊等长，子房上部密生白色柔毛。果实近球形，直径约5毫米，橘红色或深红色。花期3～5月，果期8～11月。

生于何方：全属10种，中国产7种。国外已培育出许多优良栽培品种。产于中国陕西、江苏、浙江、福建、湖北、湖南、广西、四川、云南、贵州等省区。

A 这种植物在园林绿化中有什么应用价值？

火棘树形优美，夏有繁花，秋有红果，果实存留枝头甚久，在庭院中做绿篱以及园林造景材料，在路边可以用作绿篱，美化、绿化环境。具有良好的滤尘效果，对二氧化硫有很强吸收和抵抗能力。

B 火棘果可以吃吗？

火棘又名救兵粮，果可以吃，古代战争时紧急时刻可以果腹充饥，含有丰富的有机酸、蛋白质、氨基酸、维生素和多种矿质元素，可鲜食，也可加工成各种饮料。火棘树叶可制茶，具有清热解毒，生津止渴、收敛止泻的作用。

叶卵形有齿

鸡麻

植物小档案

植物“名牌”：鸡麻（别名白棣棠、双珠母），蔷薇科鸡麻属。

一眼认识你：落叶灌木，高0.5～2米，稀达3米。小枝紫褐色，嫩枝绿色，光滑。叶对生，卵形，长4～11厘米，宽3～6厘米，顶端渐尖。单花顶生于新梢上；花直径3～5厘米；萼片大，卵状椭圆形，顶端急尖，边缘有锐锯齿，外面被稀疏绢状柔毛，副萼片细小，狭带形，比萼片短4～5倍；花瓣白色，倒卵形，比萼片长1/4～1/3倍。核果1～4，黑色或褐色，斜椭圆形，长约8毫米，光滑。花期4～5月，果期6～9月。

生于何方：分布在中国浙江、辽宁、湖北、山东、陕西、甘肃、安徽、江苏、河南等地。日本和朝鲜也有分布。

这种植物在园林绿化中有什么应用价值？

鸡麻花叶清秀美丽，适宜丛植于草地、路旁、角隅或池边，也可植山石旁。我国南北各地栽培供庭园绿化用。

鸡麻和棣棠如何区别？

棣棠的枝条颜色是绿色的，而鸡麻的枝条颜色有点偏淡褐色；棣棠的叶子互生，而鸡麻的叶子对生；棣棠开出的花朵是黄色的，花瓣有5瓣，而鸡麻开出的花朵是白色的，花瓣有4瓣。

叶卵形有齿

桔梗

植物“名牌”：桔梗（别名铃铛花、僧帽花），桔梗科桔梗属。

一眼认识你：茎高20～120厘米，通常无毛，偶密被短毛，不分枝，极少上部分枝。叶全部轮生，部分轮生至全部互生，无柄或有极短的柄，叶片卵形，卵状椭圆形至披针形，长2～7厘米，宽0.5～3.5厘米，基部宽楔形至圆钝，急尖，上面无毛而绿色，下面常无毛而有白粉，有时脉上有短毛或瘤突状毛，边顶端缘具细锯齿。花单朵顶生，或数朵集成假总状花序，或有花序分枝而集成圆锥花序；花萼钟状五裂片，被白粉，裂片三角形，或狭三角形，有时齿状；花冠大，长1.5～4.0厘米，蓝色、紫色或白色。蒴果球状，或球状倒圆锥形，或倒卵状。花期7～9月。

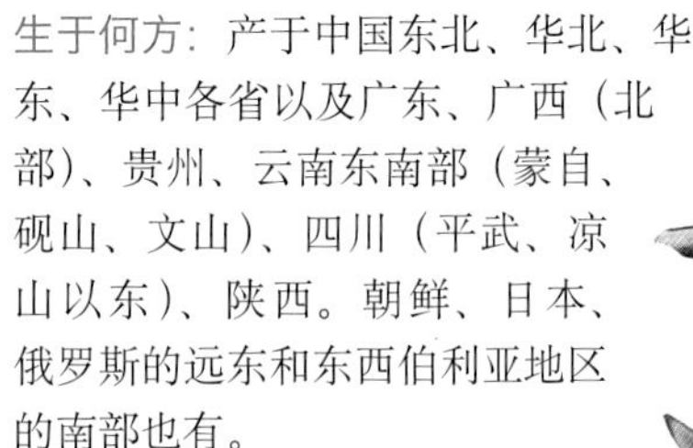

生于何方：产于中国东北、华北、华东、华中各省以及广东、广西（北部）、贵州、云南东南部（蒙自、砚山、文山）、四川（平武、凉山以东）、陕西。朝鲜、日本、俄罗斯的远东和东西伯利亚地区的南部也有。

植物情报局

A 为什么说桔梗是药食两用植物？

桔梗宣肺、利咽、祛痰、排脓。用于咳嗽痰多、胸闷不畅、咽痛、音哑、肺痈吐脓、疮疡脓。

B 桔梗跟柑橘有关系吗？

单凭名称，有人会误以为桔梗乃橘子的梗，但实际上与橘子或柑橘属没有直接关系。

C 桔梗的花语是什么？

花语是永恒不变的爱，真诚、柔顺、悲哀，无望的爱，想念。传说，桔梗花开代表幸福再度降临。

叶卵形有齿
君迁子

植物“名牌”：君迁子（别名黑枣、软枣），柿树科柿树属。

一眼认识你：落叶乔木，高可达30米。胸高直径可达1.3米；树冠近球形或扁球形；树皮灰黑色或灰褐色；小枝褐色或棕色，嫩枝通常淡灰色，有时带紫色。冬芽带棕色。叶椭圆形至长椭圆形，上面深绿色，有光泽，下面绿色或粉绿色，有柔毛；叶柄有时有短柔毛，上面有沟。

雄花腋生；花萼钟形；花冠壶形，带红色或淡黄色。果近球形或椭圆形，初熟时为淡黄色，后则变为蓝黑色，常被有白色薄蜡层，8室；种子长圆形，褐色，侧扁。花期5～6月，果期10～11月。

生于何方：产于中国山东、辽宁、河南、河北、山西、陕西、甘肃、江苏、浙江、安徽、江西、湖南、湖北、贵州、四川、云南、西藏等省区。生于海拔500～2300米左右的山地、山坡、山谷的灌丛中，或在林缘。亚洲西部、小亚细亚、欧洲南部亦有分布。

植物情报局

A 柿树为何要用君迁子嫁接？

君迁子抗性强，生长迅速，与柿树亲缘关系最为接近，而柿树很多无籽品种，无法进行有性繁殖，所以用君迁子来嫁接柿树。事实上大多数优良品种的果树都是采用嫁接繁殖。

B 这种植物可以吃吗？

君迁子成熟果实可供食用，亦可制成柿饼；又可供制糖，酿酒，制醋；果实、嫩叶均可供提取维生素。

C 这种植物有何经济用途？

君迁子树皮和枝皮含鞣质，可提取栲胶，亦可作纤维原料；可作嫁接柿子的砧木；君迁子未熟果实可提制柿漆，供医药和涂料用；木材质硬，耐磨损，可作纺织木梭、雕刻、小用具等，又因材色淡褐，纹理美丽，可作精美家具和文具。树皮可供提取单宁和制人造棉。

叶卵形有齿

梾木

植物小档案

植物“名牌”：梾木（别名椋子木、毛梗梾木），山茱萸科梾木属。

一眼认识你：乔木，高3 ~ 15米，稀达20 ~ 25米。幼枝粗壮，灰绿色，有棱角，老枝圆柱形，疏生灰白色椭圆形皮孔及半环形叶痕。叶对生，纸质，阔卵形或卵状长圆形，稀近于椭圆形。伞房状聚伞花序顶生，总花梗红色，花白色，有香味；花萼裂片4，宽三角形；花瓣4，舌状长圆形或卵状长圆形。核果近于球形，成熟时黑色。花期6 ~ 7月；果期8 ~ 9月。

生于何方：产于中国山西、陕西、甘肃南部、山东南部、台湾、西藏以及长江以南各省区。缅甸、巴基斯坦、印度、不丹、尼泊尔、阿富汗也有分布。

这种植物在园林绿化中有什么应用价值?

梾木树冠圆整，枝叶茂盛，白花繁密而芳香，累累黑果挂于红柄之端，病虫害少，宜栽作行道树、庭荫树，端庄而秀丽，配植于草坪、林缘、路边，让人感觉清新、亮丽，尤其在其花果时节，更显其生机盎然。

这种植物有何经济用途?

供建筑及制家具用，果实榨油，供制肥皂、润滑油及食用(须将油熬透、除去异味)；叶和树皮可提栲胶，可做紫色染料。

梾木属有哪些种类?

梾木属约有42种，多分布于南北半球的北温带至北亚热带，少数达于热带山区，中国有25种（包括1种引种栽培的在内）和20个变种，除新疆外，其余各省区均有分布，而以西南地区的种类为多。除梾木外，常见栽培红瑞木和毛梾。

叶卵形有齿

李

植物小档案

植物“名牌”：李（别名李子、嘉庆子），蔷薇科李属。

一眼认识你：乔落叶乔木，高9 ~ 12米。叶片长圆倒卵形、长椭圆形，稀长圆卵形，长6 ~ 12厘米，宽3 ~ 5厘米，先端渐尖、急尖或短尾尖，基部楔形，边缘有圆钝重锯齿，常混有单锯齿，幼时齿尖带腺，上面深绿色，有光泽，侧脉6 ~ 10对。花通常3朵并生；花瓣白色，长圆倒卵形，先端啮蚀状，基部楔形，有明显带紫色脉纹，具短爪。核果球形、卵球形或近圆锥形，直径3.5 ~ 5厘米，栽培品种可达7厘米，黄色或红色，有时为绿色或紫色，梗凹陷入，顶端微尖，基部有纵沟，外被蜡粉；核卵圆形或长圆形，有皱纹。花期4月，果期7 ~ 8月。

生于何方：产于中国辽宁、吉林、陕西、甘肃、四川、云南、贵州、湖南、湖北、江苏、浙江、江西、福建、广东、广西和台湾。生于山坡灌木丛中、山谷疏林中或水边、沟底、路旁等处。海拔400 ~ 2600米。中国各省及世界各地均有栽培，为重要温带果树之一。

植物情报局

A 李为什么被称为“超级水果”？

李味酸，能促进胃酸和胃消化酶的分泌，并能促进胃肠蠕动，因而有改善食欲，促进消化的作用，尤其对胃酸缺乏、食后饱胀、大便秘结者有效。新鲜李肉中的丝氨酸、甘氨酸、脯氨酸、谷酰胺等氨基酸，有利尿消肿的作用，对肝硬化有辅助治疗效果。李子中含有多种营养成分，有养颜美容、润滑肌肤的作用，李子中抗氧化剂含量高得惊人，堪称是抗衰老、防疾病的“超级水果”。

B 这种植物在园林绿化中有什么应用价值？

李开花早，在初春时节开花，且着花量大，满树白花，洁白素雅。夏季果熟时，绿叶丛中黄果、红果或紫黑果缀满枝，既可食用，也可观赏。

C 为什么说“桃养人，杏伤人，李子树下抬死人”？

李子具有补中益气、养阴生津、润肠通便的功效，但李子吃多了危害人体也确有其事，孙思邈说：“不可多食，令人虚。”生活中证实，多食李子会使人表现出虚热、脑胀等不适之感，体质虚弱者宜少食。

D 文学作品及典籍中提到过这种植物吗？

李的栽培历史与桃相近，约有3000年以上，自古皆与桃并称，古时对学生称“桃李”，《尔雅》有“五沃之土，其木宜梅李”的句子。

叶卵形有齿

领春木

植物小档案

植物“名牌”：领春木（别名云叶树、木桃），领春木科领春木属。

一眼认识你：落叶灌木或小乔木，高2～15米。叶纸质，卵形或近圆形，少数椭圆卵形或椭圆披针形，长5～14厘米，宽3～9厘米，先端渐尖，有1突生尾尖，长1～1.5厘米，基部楔形或宽楔形，边缘疏生顶端加厚的锯齿，下部或近基部全缘，上面无毛或散生柔毛后脱落，仅在脉上残存，下面无毛或脉上有伏毛。花丛生；花梗长3～5毫米；苞片椭圆形，早落；雄蕊6～14，长8～15毫米，花药红色。翅果长5～10毫米，宽3～5毫米，棕色，子房柄长7～10毫米，果梗长8～10毫米；种子1～3个，卵形，长1.5～2.5毫米，黑色。花期4～5月，果期7～8月。

生于何方：产于中国河北（武安）、山西（阳城）、河南（伏牛山）、陕西（秦岭）、甘肃、浙江（天目山）、湖北、四川、贵州、云南、西藏等。生在溪边杂木林中，海拔900～3600米。印度有分布。

植物情报局

A 领春木分布广泛，为什么还亟待保护？

领春木虽然在中国分布范围较为广泛，但因森林被大量砍伐、自然植被遭到严重坡坏、生境恶化等原因，其分布范围正日益缩小，植株数量已急剧减少，处于濒危状态。

B 这种植物有何研究价值？

领春木为典型的东亚植物区系成分的特征种，第三纪孑遗植物和稀有珍贵的古老树种，对于研究古植物区系和古代地理气候有重要的学术价值。领春木在世界许多地方已灭绝，在中国种群数量也很少，已处于濒危的境地。其花果成簇，红艳夺目，为优良的观赏树木，属于国家三级保护植物，多分布于海拔720 ~ 3600米的湿润沟谷地两侧。

C 领春木的分布格局是怎么样的？

领春木种群集中分布于河岸带，且在每条河流均呈现“一带多岛”的分布格局，这都是物种分布范围收缩的表现，是种群衰退的标志。虽然领春木种群为衰退型，而且作为小乔木在亚热带森林激烈的物种竞争中处于劣势，但是乔木种群较长的生命周期、以萌蘖为主的更新方式和适宜的河岸带生境，使其灭绝时间缓冲在一个较长的时间范围内。

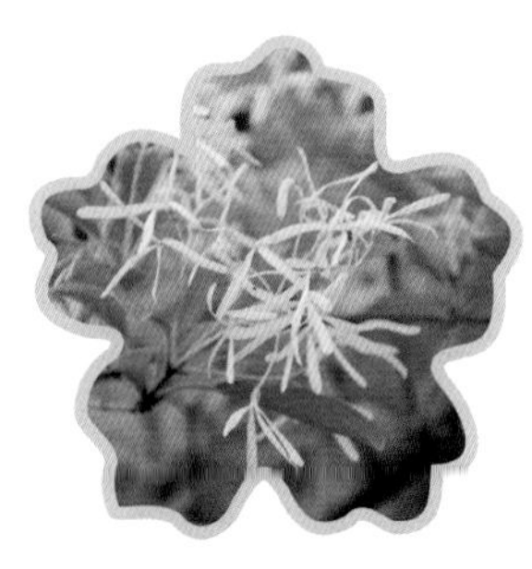

叶卵形有齿

流苏树

植物“名牌”：流苏树（别名萝卜丝花、糯米花），木犀科流苏树属。

一眼认识你：叶灌木或乔木，高可达20米。叶片革质或薄革质，长圆形、椭圆形或圆形，有时卵形或倒卵形至倒卵状披针形。聚伞状圆锥花序，长3～12厘米，顶生于枝端，近无毛；苞片线形，长2～10毫米，疏被或密被柔毛，花长1.2～2.5厘米，单性而雌雄异株或为两性花；花冠白色，4深裂，裂片线状倒披针形。果椭圆形，被白粉，长1～1.5厘米，径6～10毫米，呈蓝黑色或黑色。花期3～6月，果期6～11月。

生于何方：产于中国甘肃、陕西、山西、河北、河南以南至云南、四川、广东、福建、台湾等地。朝鲜、日本也有分布。

植物情报局

A 这种植物在园林绿化中有什么应用价值？

流苏树适应性强，寿命长，成年树植株高大优美、枝叶繁茂，花期如雪压树，且花形纤细，秀丽可爱，气味芳香，是优良的园林观赏树种，不论点缀、群植、列植均具很好的观赏效果。既可于草坪中数株丛植，也宜于路旁、林缘、水畔、建筑物周围散植。流苏树生长缓慢，尺度宜人，培养成单干苗，作小路的行道树，效果也不错；适合以常绿树作背景衬托，效果更好。盆景爱好者还可以进行盆栽，制作盆景。

B 流苏树寿命长吗？

山东淄川区峨庄乡土泉村有一株被誉为“山东之最”“齐鲁树王”的千年流苏树。经专家考证，这株流苏树已经有上千年的历史，树形之大，树龄之长，为山东第一。其树韵雍容华贵，被山东省林业厅命名为“齐鲁千年流苏树王”。每年4月，繁华朵朵，很远便能闻到流苏树的花香。每年“五一”国际劳动节前后，是流苏树鲜花盛开的时节，花开似雪，煞是好看。

C 为什么流苏树又叫“糯米花”？

由于流苏树的小花含苞待放时，其外形、大小、颜色均与糯米相似，花和嫩叶又能泡茶，故也称作糯米花、糯米茶。

叶卵形有齿
椤木石楠

植物小档案

植物"名牌"：椤木石楠（别名椤木、梅子树），蔷薇科石楠属。

一眼认识你：常绿乔木，高6～15米。幼枝黄红色，后成紫褐色，老时灰色，无毛，有时具刺。叶片革质，基部楔形；叶柄无毛。花密集成顶生复伞房花序；总花梗和花梗有平贴短柔毛，花梗长5～7毫米；苞片和小苞片微小，早落；花直径10～12毫米；萼筒浅杯状，外面有疏生平贴短柔毛；萼片阔三角形，有柔毛；花瓣圆形；花柱2，基部合生并密被白色长柔毛。果实球形或卵形黄红色，无毛；种子卵形，褐色。花期5月，果期9～10月。

生于何方：产于中国陕西、江苏、安徽、浙江、江西、湖南、湖北、四川、云南、福建、广东、广西。生于灌丛中，海拔600～1000米。国外越南、缅甸、泰国等地也有分布。

椤木石楠有何经济价值?

椤木石楠木材坚硬沉重，结构细密均匀，为家具、油榨坊、农具、器械的优良用材。根及叶可清热解毒。

这种植物在园林绿化中有什么应用价值?

该种枝繁叶茂，树冠圆球形，早春嫩叶绛红，初夏白花点点，秋末果实累累，艳丽夺目。在一年中色彩变化较大，叶、花、果均可观赏，污染的大气中也能生存，适用于工矿区配植，是目前我国较为适宜的园林树种。

椤木石楠和石楠有何区别?

该种和石楠相近，但后者的叶柄较长 (2 ~ 4厘米)，幼枝和花序皆无毛，花朵（直径6 ~ 8毫米）和果实（直径3 ~ 5毫米）都较小，容易区别。

近似种：紫叶碧桃

植物小档案

植物“名牌”：美人梅（别名红叶美人梅），蔷薇科李属。

一眼认识你：园艺杂交种，由重瓣粉型梅花与红叶李杂交而成。落叶小乔木。叶片卵圆形，长5～9厘米，紫红色。花粉红色，着花繁密，1～2朵着生于长、中及短花枝上，先花后叶，花期春季，花叶同放，花色浅紫，重瓣花，先叶开放，萼筒宽钟状，萼片5枚，近圆形至扁圆，花瓣15～17枚，小瓣5～6枚，花梗1.5厘米，雄蕊多数，自然花期自3月第一朵花开以后，逐次自上而下陆续开放至4月中旬。

生于何方：法国人于1895年在法国以紫叶李与重瓣宫粉型梅花杂交后选育而成。1987年2月自美国加州Modesto莲园由黄振国教授而引入中国。

A 为什么说美人梅是个“混血儿”？

美人梅是植物中的一个“混血儿”，由紫叶李与梅花中的“宫粉”远缘杂交而成，其综合了二者的优点，既有梅花的花型美观、花朵较大、重瓣、花色娇艳等特点，又有紫叶李开花稠密、叶色紫红的优势，是花叶俱佳的新型观赏花木。

近似种：紫叶稠李

B 这种植物在园林绿化中有什么应用价值?

美人梅观赏价值高，用途广，美人梅其亮红的叶色和紫红的枝条是其他梅花品种中少见的，可供一年四季观赏。可孤植、片植或与绿色观叶植物相互搭配植于庭院或园路旁，也可开辟专园，作梅园、梅溪等大片栽植，又可作盆栽，制作盆景供各大宾馆、饭店摆花，节日摆花，还可作切花等其他装饰用。

C 美人梅和紫叶李有何不同?

紫叶李嫩叶鲜红色，老叶呈紫红色；美人梅嫩叶鲜红色，老叶呈绿色。美人梅的树上有很多像刺一样的短树枝，而紫叶李就很少有。紫叶李的花为单瓣，花径较小，无香味，花叶同放；美人梅的花为重瓣，有清香，先花后叶或花叶同放。

叶卵形有齿

蒙椴

植物“名牌”：蒙椴（别名小叶椴、白皮椴），椴树科椴树属。

一眼认识你：落叶乔木，高10米。树皮淡灰色，有不规则薄片状脱落；嫩枝无毛，顶芽卵形，无毛。叶阔卵形或圆形，长4～6厘米，宽3.5～5.5厘米，先端渐尖，常出现3裂，基部微心形或斜截形，上面无毛，下面仅脉腋内有毛丛。聚伞花序长5～8厘米，有花6～12朵，花序柄无毛；花柄长5～8毫米，纤细；苞片窄长圆形，长3.5～6厘米，宽6～10毫米，两面均无毛，上下两端钝，下半部与花序柄合生，基部有柄长约1厘米；萼片披针形，长4～5毫米，外面近无毛；花瓣长6～7毫米；退化雄蕊花瓣状，稍窄小；雄蕊与萼片等长；子房有毛，花柱秃净。果实倒卵形，长6～8毫米，被毛，有棱或有不明显的棱。花期7月。

生于何方：产于中国内蒙古、河北、河南、山西及江宁西部。

植物情报局

Y 这种植物在园林绿化中有什么应用价值？

蒙椴树型较矮，只宜在公园、庭园及风景区栽植，不宜作大街的行道树。

B 蒙椴有何经济价值？

边材黄白色，心材黄褐色，纹理致密，不翘不裂，易加工，供家具、建筑、雕刻、胶合板、铅笔杆等用材。因无特殊气味，可制水桶、蒸笼等。树皮纤维可代麻制绳或袋。椴树也是优良的蜜源植物。椴花蜜颜色浅淡，气味芳香，含葡萄糖70%以上。花可入药。种子含油量较高，可用于制肥皂及硬化油。蒙椴树形美观，花朵芳香，对有害气体的抗性强，可作园林绿化树种。

C 所谓的“故宫五线菩提子”是什么植物的哪个部位？

所谓的故宫中的“菩提树”就是蒙椴，用来赏玩的是它核果中的籽。蒙椴的子房五室，内果皮上也就能够看到五条线，这五条线是相邻心皮合生的腹缝线。另外，同属植物南京椴的种子可以加工成“天台菩提子”。由于是同属植物，所以“天台菩提子”与“五线菩提子”是十分相似的。

叶卵形有齿

木瓜

植物“名牌”：木瓜（别名木李、光皮木瓜），蔷薇科木瓜属。

一眼认识你：落叶小乔木，高达5 ~ 10米。树皮成片状脱落。叶片椭圆卵形或椭圆长圆形，稀倒卵形，长5 ~ 8厘米，宽3.5 ~ 5.5厘米，先端急尖，基部宽楔形或圆形，边缘有刺芒状尖锐锯齿，齿尖有腺，幼时下面密被黄白色茸毛，不久即脱落无毛。花单生于叶腋，花梗短粗；花直径2.5 ~ 3厘米；花瓣倒卵形，淡粉红色；雄蕊多数，长不及花瓣之半；花柱基部合生，被柔毛，柱头头状，有不显明分裂，约与雄蕊等长或稍长。果实长椭圆形，长10 ~ 15厘米，暗黄色，木质，味芳香，果梗短。花期4月，果期9 ~ 10月。

近似种：榅桲

生于何方：产于中国山东、陕西、河南（桐柏）、湖北、江西、安徽、江苏、浙江、广东、广西等地。

植物情报局

A 木瓜可以吃吗?

木瓜鲜果中含有较多的单宁和有机酸，糖含量相对较低，其口感酸涩，不宜生食。但其果实营养丰富，富含维生素，木瓜中酸类成分包括苹果酸、枸橼酸、酒石酸等，这些有机酸都具有纯正的酸味，经过适当稀释并辅以一定的甜味剂如蔗糖或蜂蜜后，可制成风味独特的产品。

B 这种植物在园林绿化中有什么应用价值?

木瓜树姿优美，果大，常被作为观赏树种，具有城市绿化和园林造景功能。

C 木瓜和毛叶木瓜如何区别?

毛叶木瓜又叫木瓜海棠，灌木，枝具刺；木瓜又叫光皮木瓜，小乔木，枝无刺，树皮脱落，光滑。

D 木瓜有何功效?

果实味涩，水煮或浸渍糖液中供食用，入药有解酒之效。

叶卵形有齿

木槿

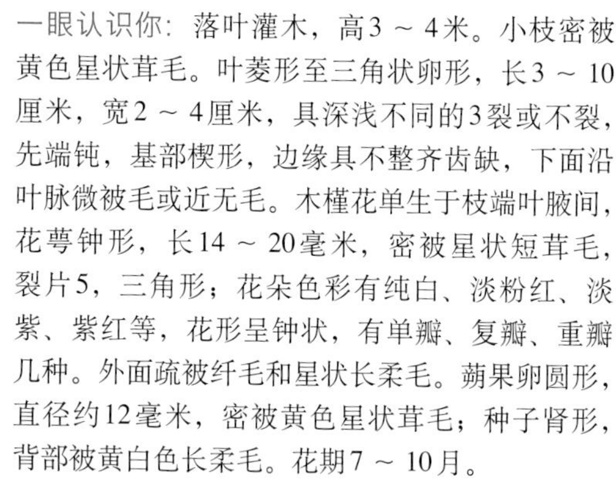

植物小档案

植物“名牌”：木槿（别名朝开暮落花、喇叭花），锦葵科木槿属。

一眼认识你：落叶灌木，高3～4米。小枝密被黄色星状茸毛。叶菱形至三角状卵形，长3～10厘米，宽2～4厘米，具深浅不同的3裂或不裂，先端钝，基部楔形，边缘具不整齐齿缺，下面沿叶脉微被毛或近无毛。木槿花单生于枝端叶腋间，花萼钟形，长14～20毫米，密被星状短茸毛，裂片5，三角形；花朵色彩有纯白、淡粉红、淡紫、紫红等，花形呈钟状，有单瓣、复瓣、重瓣几种。外面疏被纤毛和星状长柔毛。蒴果卵圆形，直径约12毫米，密被黄色星状茸毛；种子肾形，背部被黄白色长柔毛。花期7～10月。

生于何方：原产于中国中部各省，台湾、福建、广东、广西、云南、贵州、四川、湖南、湖北、安徽、江西、浙江、江苏、山东、河北、河南、陕西等地，均有栽培。

A 这种植物在园林绿化中有什么应用价值?

木槿盛夏季节开花，开花时满树花朵。适宜公共场所花篱、绿篱及庭院布置。墙边、水滨种植也很适宜。在湖南、湖北一带，盛行槿篱，用木槿做绿篱，是开花的篱障，别具风格，在北方常在公路两旁成片成排种植，不仅增强了公路两旁的景观，还起了防尘的作用。木槿是抗性强的树种，它对二氧化硫、氯气等有害气体具有很强的抗性，同时又有滞尘的功能。

B 木槿花可以吃吗?

木槿花的营养价值极高，含有蛋白质、脂肪、粗纤维，以及还原糖、维生素C、氨基酸、铁、钙、锌等，并含有黄酮类活性化合物。木槿花蕾，食之口感清脆，完全绽放的木槿花，食之滑爽。利用木槿花制成的木槿花汁，具有止渴醒脑的保健作用。

C 木槿有何象征意义?

唐代诗人李商隐的《槿花》诗曰：“风露凄凄秋景繁，可怜荣落在朝昏。未央宫里三千女，但保红颜莫保恩。”诗人借木槿花之易落，喻红颜之易衰。由于木槿朝开暮落，日日不绝，人称有“日新之德”，还有的人还因木槿的朝开暮落的开花特性将其看作抒情植物，借寄伤感悲伤之情。

叶卵形有齿
欧报春

植物“名牌”：欧报春（别名欧洲报春），报春花科报春花属。

一眼认识你：多年生草本，多作一二年生栽培。株高约10～20厘米，叶片长椭圆形或倒卵椭圆形，钝头，叶面皱，基部渐狭成有翼的叶柄；叶基生，长10～15厘米，宽4～6厘米，倒披针形至倒独卵形，向基部渐狭成翅柄，叶脉深凹，叶面具皱。伞状花序，花葶多数，长3.5～15厘米，单花顶生，有香气，花径约4厘米。花色野生种多淡黄色，栽培品种有白、粉红、洋红、蓝、紫、黄等色，一般喉部黄色，还有花冠上有条纹、斑点、镶边的品种及重瓣品种。花期1～4月。

生于何方：原产于欧洲，国际上大范围栽培，是报春花属中栽培最广泛的种，也是著名的冬、春季小型盆花。中国有引种栽培。

近似种：鄂报春

欧报春在园林绿化中如何应用？

欧报春花期长，元旦、春节时，其叶绿花艳，可作中小型盆栽，放置于茶几、书桌等处，是很好的室内植物，也是国际上十分畅销的冬季盆花，用它布置室内或室外景观，繁花似锦，妩媚动人。

报春花的花语是什么？

报春花花语为初恋、希望、不悔。送花对象为朋友、恋人、情人，一般用素色的大浅盘装入各种色彩的小盆报春，包上玻璃纸，再将缎带打成十字花结做配饰。

我国报春花资源对世界的贡献有多大？

我国拥有全世界大约3/5的报春花种质资源，所以成为全世界育种学家及植物采集家的首选之地。从1820年前后英国的传教士把我国的藏报春从广州引入英国开始，光英国由我国引入栽培的报春花种类就多达110余种，其中不少已广泛栽培于欧美各国的庭院，这些报春花的引入对以后欧美等国培育美丽的报春花品种做出了重大贡献。

叶卵形有齿

朴树

植物“名牌”：朴树（别名黄果朴、沙朴），榆科朴属。

一眼认识你：落叶乔木。树皮平滑，灰色；一年生枝被密毛。叶互生，叶柄长；叶片革质，宽卵形至狭卵形，先端急尖至渐尖，基部圆形或阔楔形，偏斜，中部以上边缘有浅锯齿，三出脉，上面无毛，下面沿脉及脉腋疏被毛。花杂性（两性花和单性花同株），生于当年枝的叶腋；核果近球形，红褐色；果柄较叶柄近等长；核果单生或2个并生，近球形，熟时红褐色；果核有穴和突肋。果梗常2～3枚（少有单生）生于叶腋，其中一枚果梗（实为总梗）常有2果（少有多至具4果），其他的具1果，无毛或被短柔毛，长7～17毫米；果成熟时黄色至橙黄色，近球形，直径约8毫米；核近球形，直径约5毫米，具4条肋，表面有网孔状凹陷。

生于何方：分布于中国淮河流域、秦岭以南至华南各省区，长江中下游和以南诸省区以及台湾。越南、老挝也有。

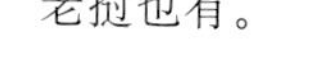

A 朴树如何制作盆景？

朴树在长江流域及其以南地区的丘陵低山溪谷旁常见野生分布，可采掘其经多年砍伐的姿态古奇的萌生老桩，进行养胚。经过修剪，促使根系发育，萌生新枝，然后造型培育，1 ~ 2年后，再上盆加工，可在较短时期内制成苍劲古朴的朴树盆景。

B 这种植物在园林绿化中有什么应用价值？

朴树是优良的行道树品种，主要用于绿化道路、栽植公园小区、作景观树等。对二氧化硫、氯气等有毒气体的抗性强。在园林中孤植于草坪或旷地，列植于街道两旁，尤为雄伟壮观，又因其对多种有毒气体抗性较强，具有较强的吸滞粉尘的能力，常被用于城市及工矿区。因其能吸收有害气体，作为街坊、工厂、道路两旁、广场、校园绿化颇为合适。其主要优点是生长速度快、移栽成活率高、造价低廉。朴树树冠圆满宽广，树阴浓郁，农村“四旁”绿化都可用，也是河网区防风固堤树种。

C 朴树和四蕊朴有何区别？

朴树与四蕊朴的主要区别点在于，朴树的叶多为卵形或卵状椭圆形，但不带菱形，基部几乎不偏斜或仅稍偏斜，先端尖至渐尖，尾状渐尖。果也较小，一般直径5 ~ 7毫米，很少有达8毫米的。

叶卵形有齿

琼花

植物小档案

植物“名牌”：琼花（别名蝴蝶花、木本绣球），忍冬科荚蒾属。

一眼认识你：落叶或半常绿灌木，高达4米。树皮灰褐色或灰白色，芽、幼技、叶柄及花序呈灰白色或黄白色簇状短毛，后渐变无毛。叶临冬至翌年春季逐渐落尽。纸质，卵形至椭圆形或卵状矩圆形。聚伞花序直径8～15厘米，全部由大型不孕花组成，总花梗长1～2厘米，第一级辐射枝5条，花生于第三级辐射枝上；萼筒筒状，长约2.5毫米，宽约1毫米，无毛，萼齿与萼筒几等长，矩圆形，顶钝；花冠白色，辐状，直径1.5～4厘米，裂片圆状倒卵形，筒部甚短；雄蕊长约3毫米，花药小，近圆形；雌蕊不育。果实红色而后变黑色，椭圆形。花期4月，果熟期9～10月。

生于何方：产于中国江苏南部、安徽西部、浙江、江西西北部、湖北西部及湖南南部。生于丘陵、山坡林下或灌木丛中。庭园亦常有栽培。

植物情报局

A 琼花为何又称“聚八仙”？

琼花的美在于它那与众不同的花形。其花大如玉盆，由八朵五瓣大花围成一周，环绕着中间那颗白色的珍珠似的小花（尚未开放的两性小花），簇拥着一团蝴蝶似的花蕊，微风吹拂之下，轻轻摇曳，宛若蝴蝶戏珠，又似八仙起舞，仙姿绰约，引人入胜。“千点真珠擎素蕊，一环明月破香葩”。无风之时，又似八位仙子围着圆桌，品茗聚谈。这种独特的花形，是植物中稀有的，故而世人格外地喜爱它，并美其名曰“聚八仙”。琼花的寿命较长，扬州大明寺内一株清朝康熙年间种植的琼花，已有300多年的历史，如今依然繁茂，风姿如故，风韵仍不减当年。

B 琼花是哪个市的市花？

琼花为扬州市花，昆山“三宝之一”。自古以来有“维扬一株花，四海无同类”的美誉。琼花是中国特有的名花，文献记载唐朝就有栽培。它以淡雅的风姿和独特的风韵，以及种种富有传奇浪漫色彩的传说和逸闻趣事，博得了世人的喜爱和文人墨客的不绝赞赏，被称为“稀世的奇花异卉”和“中国独特的仙花”。1998年扬州市人大常委会通过了广大市民推选的琼花作为扬州市花的决定，并举行过两届“中国扬州琼花艺术节”。

C 琼花花语是什么？

琼花的花语是魅力无限、无私的爱。

叶卵形有齿

西府海棠

植物小档案

植物“名牌”：西府海棠（别名子母海棠、小果海棠），蔷薇科苹果属。

一眼认识你：落叶小乔木，高达2.5～5米。树枝直立性强。叶片长椭圆形或椭圆形，长5～10厘米，宽2.5～5厘米，先端急尖或渐尖，基部楔形稀近圆形，边缘有尖锐锯齿，嫩叶被短柔毛，下面较密，老时脱落。伞形总状花序，有花4～7朵，集生于小枝顶端，花梗长2～3厘米，嫩时被长柔毛，逐渐脱落；花瓣近圆形或长椭圆形，长约1.5厘米，基部有短爪，粉红色。花期4～5月，果期8～9月。

生于何方：产于中国辽宁、河北、山西、山东、陕西、甘肃、云南，海拔100～2400米处。

植物情报局

A 什么地方能看到这种植物?

北京故宫御花园和颐和园中就植有西府海棠，每到春夏之交，迎风峭立，花姿明媚动人，楚楚有致，与玉兰、牡丹、桂花相伴，有“玉棠富贵”之意。

B 这种植物在园林绿化中有什么应用价值?

西府海棠树态峭立，似亭亭少女。花红，叶绿，果美，不论孤植、列植、丛植均极美观。花色艳丽，一般多栽培于庭园供绿化用。最宜植于水滨及小庭一隅。

C 西府海棠名称由来?

海棠花是中国的传统名花之一，花姿潇洒，花开似锦，自古以来是雅俗共赏的名花，素有花中神仙、花贵妃之誉，历代文人墨客题咏不绝。西府海棠因生长于西府（今陕西省宝鸡市）而得名。

D 西府海棠的花语是什么?

西府海棠的花语和象征意义为单恋。

近似种：湖北海棠

叶卵形有齿

一串红

植物小档案

植物“名牌”：一串红（别名爆仗红、象牙红），唇形科鼠尾草属。

一眼认识你：亚灌木状草本，高可达90厘米。茎钝四棱形，具浅槽，无毛。叶卵圆形或三角状卵圆形，长2.5 ~ 7厘米，宽2 ~ 4.5厘米，先端渐尖，基部截形或圆形，稀钝，边缘具锯齿。轮伞花序2 ~ 6花，组成顶生总状花序，花序长达20厘米或以上；苞片卵圆形，红色，大，在花开前包裹着花蕾，先端尾状渐尖。花萼钟形，红色，开花时长约1.6厘米，花后增大达2厘米；花冠红色。小坚果椭圆形。花期3 ~ 10月。

生于何方：原产于巴西，中国各地都有广泛栽培。

植物情报局

A 一串红有哪些变种？

一串红的变种有一串白，花及萼片均为白色；一串紫，花及萼片均为紫色。丛生一串红，株型较矮，花序紧密。矮生一串红，株高仅约20厘米，花亮红色，花朵密集于总花梗上。

B 这种植物在园林绿化中有什么应用价值？

一串红常用红花品种，秋高气爽之际，花朵繁密，色彩艳丽。常用作花丛花坛的主体材料，也可植于带状花坛或自然式丛植于林缘，常与浅黄色美人蕉、矮万寿菊、浅蓝或水粉色水牡丹、翠菊、矮霍香蓟等配合布置。一串红矮生品种更宜用于花坛，白花品种除与红花品种配合观赏效果较好，一般白花、紫花品种的观赏价值均不及红花品种。

C 一串红的花语是什么？

一串红代表恋爱的心，其变种一串白代表精力充沛，一串紫代表智慧。

叶卵形有齿
樱桃

植物小档案

植物“名牌”：樱桃（别名莺桃、玛瑙），蔷薇科樱属。
一眼认识你：落叶乔木，高2～6米，树皮灰白色。叶片卵形或长圆状卵形，长5～12厘米，宽3～5厘米，先端渐尖或尾状渐尖，基部圆形，边有尖锐重锯齿，齿端有小腺体。花序伞房状或近伞形，有花3～6朵，先叶开放；花瓣白色，卵圆形，先端下凹或二裂；雄蕊30～35枚，栽培者可达50枚。花柱与雄蕊近等长，无毛。
核果近球形，红色，直径0.9～1.3厘米。
花期3～4月，果期5～6月。
生于何方：产于中国辽宁、河北、陕西、甘肃、山东、河南、江苏、浙江、江西、四川。

樱桃和大樱桃是一种东西吗？

两者同属。大樱桃为樱桃近似种。大樱桃，也称西洋樱桃，南方区域一般称为“车厘子”，是欧洲甜樱桃和欧洲酸樱桃及其杂交种的总称，成熟期在国内一般较樱桃晚，山东烟台有大面积栽培，比樱桃个大，耐储存。

近似种：车厘子

樱桃为何可以缓解贫血？

樱桃含铁较高，铁是合成人体血红蛋白的原料，每百克樱桃中含铁量多达5.9毫克，位于各种水果之首。

樱桃作为水果有何优缺点？

樱桃结果早，成熟期早，营养丰富，但也有个小、不耐储藏等缺点，一般就近销售，难以外销。

樱桃有何象征意义？

樱桃可以代表很多美好的事物，可以代表特别有活力的女孩子，可以代表很鲜活的爱情，它不仅象征着爱情、幸福和甜蜜，更蕴含着珍惜这层含义。

叶卵形有齿 榆树

植物“名牌”：榆树（别名春榆、白榆），榆科榆属。

一眼认识你：落叶乔木，幼树树皮平滑，灰褐色或浅灰色，大树皮暗灰色，不规则深纵裂，粗糙；小枝无毛或有毛，无膨大的木栓层及凸起的木栓翅；冬芽近球形或卵圆形。叶椭圆状卵形、长卵形、椭圆状披针形，叶面平滑无毛，叶背幼时有短柔毛，后变无毛或部分脉腋有簇生毛，叶柄面有短柔毛。花先叶开放，在生枝的叶腋成簇生状。翅果稀倒卵状圆形。花果期3～6月。

生于何方：分布于中国东北、华北、西北及西南各省区，朝鲜、俄罗斯、蒙古也有分布。生于海拔2500米以下的山坡、山谷、川地、丘陵及沙岗等处。

A 榆钱怎么吃？

榆钱是榆树的果实，因其外形圆薄如钱币，故而得名，又因它是“余钱”的谐音，因而就有吃了榆钱可有“余钱”的说法。榆钱的吃法多种多样。可生吃，将刚采下来的榆钱洗净，加入白糖，味道鲜嫩脆甜，别具风味。若喜吃咸食，可放入盐、酱油、香醋、辣椒油、葱花、芫荽等作料。另外还有煮粥、笼蒸等吃法。

B 这种植物在园林绿化中有什么应用价值？

榆树树干通直，树形高大，绿荫较浓，适应性强，生长快，是城市绿化、行道树、庭荫树、工厂绿化、营造防护林的重要树种。在干瘠、严寒之地常呈灌木状，有用作绿篱者。又因其老茎残根萌芽力强，可自野外掘取制作盆景。在林业上也是营造防风林、水土保持林和盐碱地造林的主要树种之一。

C 榆树材质如何？

榆木，素有“榆木疙瘩”之称，言其不开窍，难解难伐之谓。不过榆木木性坚韧，纹理通达清晰，硬度与强度适中，一般透雕浮雕均能适应，刨面光滑，弦面花纹美丽，有“鸡翅木”的花纹，可供家具、装修等用。榆木经烘干、整形、可制作精美的雕漆工艺品。在北方的家具市场随处可见。榆木与南方产的榉木合有“北榆南榉”之称。

叶卵形有齿

榆叶梅

植物“名牌”：榆叶梅（别名小桃红、榆叶鸾枝），蔷薇科桃属。

一眼认识你：落叶灌木。短枝上的叶常簇生，一年生枝上的叶互生；叶片宽椭圆形至倒卵形，长2～6厘米，宽1.5～4厘米，先端短渐尖，常3裂。花1～2朵，先于叶开放，直径2～3厘米；花瓣近圆形或宽倒卵形，长6～10毫米，先端圆钝，有时微凹，粉红色；雄蕊约25～30，短于花瓣；子房密被短柔毛，花柱稍长于雄蕊。果实近球形，直径1～1.8厘米，顶端具短小尖头，红色。花期4～5月，果期5～7月。

生于何方：产于中国黑龙江、吉林、辽宁、内蒙古、河北、山西、陕西、甘肃、山东、江西、江苏、浙江等省区。中国各地多数公园内均有栽植。俄罗斯及中亚地区也有。

榆叶梅名字由来?

榆叶梅其叶像榆树，其花像梅花，所以得名“榆叶梅”。

这种植物在园林绿化中有什么应用价值?

榆叶梅枝叶茂密，花繁色艳，是中国北方园林、街道、路边等重要的绿化观花灌木树种。其植物有较强的抗盐碱能力。适宜种植在公园的草地、路边或庭园中的角落、水池等地。如果将榆叶梅种植在常绿树周围或种植于假山等地，其视觉效果更理想，能够让其具有良好的视觉观赏效果。与其他花色的植物搭配种植，在春季花盛开时候，花形、花色均极美观，各色花争相斗艳，景色宜人，是不可多得的园林绿化植物。

叶卵形有齿

羽衣甘蓝

植物小档案

植物“名牌”：羽衣甘蓝（别名花包菜、羽叶甘蓝），十字花科芸苔属。

一眼认识你：二年生草本植物，栽培一年植株形成莲座状叶丛，经冬季低温，于翌年开花、结实。总状花序顶生，虫媒花，果实为角果，扁圆形，种子圆球形，褐色，千粒重4克左右。园艺品种形态多样，按高度可分高型和矮型；按叶的形态分皱叶、不皱叶及深裂叶品种；按颜色，边缘叶有翠绿色、深绿色、灰绿色、黄绿色，中心叶则有纯白、淡黄、肉色、玫瑰红、紫红等品种。花期4～5月。

生于何方：原产地中海沿岸至小亚细亚一带，现广泛栽培于温带地区。

植物情报局

羽衣甘蓝怎么吃?

羽衣甘蓝营养丰富，含有大量的维生素A、维生素C、维生素B_2及多种矿物质，特别是钙、铁、钾含量很高。羽衣甘蓝可以连续不断地剥取叶片，并不断地产生新的嫩叶，其嫩叶可炒食、凉拌、做汤，在欧美多用其配上各色蔬菜制成沙拉。风味清鲜，烹调后保持鲜美的碧绿色。

B 观赏型羽衣甘蓝在园林绿化中有什么应用价值?

观赏型羽衣甘蓝由于品种不同，叶色丰富多变，叶形也不尽相同，叶缘有紫红、绿、红、粉等颜色，叶面有淡黄、绿等颜色，整个植株形如牡丹，所以观赏型羽衣甘蓝也被形象地称为“叶牡丹”，在华东地带为冬季花坛的重要材料，北方地区冬季常用的园林花卉。其观赏期长，叶色极为鲜艳，在公园、街头、花坛常见用观赏型羽衣甘蓝镶边和组成各种美丽的图案，用于布置花坛，具有很高的观赏效果。其叶色多样，有淡红、紫红、白、黄等，是盆栽观叶的佳品。欧美及日本将部分观赏型羽衣甘蓝品种用于鲜切花。

C 羽衣甘蓝和卷心菜如何区别?

羽衣甘蓝为卷心菜（结球甘蓝）的园艺变种，结构和形状与卷心菜非常相似，区别在于羽衣甘蓝的中心不会卷成团。

D 羽衣甘蓝的花语是什么?

羽衣甘蓝的花语为华美、祝福、吉祥如意。

植物小档案

植物“名牌”：枣（别名枣子、大枣），鼠李科枣属。

一眼认识你：落叶小乔木，稀灌木，高达10余米。树皮褐色或灰褐色，叶柄长1～6毫米，或在长枝上的可达1厘米，无毛或有疏微毛，托叶刺纤细，后期常脱落。花黄绿色，两性，无毛，具短总花梗，单生或密集成腋生聚伞花序。核果矩圆形或长卵圆形，长2～3.5厘米，直径1.5～2厘米，成熟时红色，后变红紫色，中果皮肉质，厚，味甜。种子扁椭圆形，长约1厘米，宽8毫米。花期5～7月，果期8～9月。

生于何方：该种原产中国，亚洲、欧洲和美洲常有栽培。分布于中国吉林、辽宁、河北、山东、山西、陕西、河南、甘肃、新疆、安徽、江苏、浙江、江西、福建、广东、广西、湖南、湖北、四川、云南、贵州等地。生长于海拔1700米以下的山区、丘陵或平原。

植物情报局

枣为什么有“天然维生素丸”之称？

枣可供药用，有养胃、健脾、益血、滋补、强身之效，枣仁和根均可入药，枣仁可以安神，为重要药品之一。枣树叶、花、果、皮、根、刺及木材均可入药。近代化学分析表明，枣果含有人体所需18种氨基酸，维生素C、维生素P极为丰富，具有“天然维生素丸”之称。

B 这种植物在园林绿化中有什么应用价值?

枣树枝梗劲拔，翠叶垂荫，果实累累。宜在庭园、路旁散植或成片栽植，亦是适合生产的好树种。其老根古干可作树桩盆景。

C 近年来为什么新疆大枣比较受欢迎?

新疆日照时间长，昼夜温差大，大枣能在完熟期后采摘，完全成熟的大枣口感甜美，色泽深红鲜亮，枣果饱满，枣肉细腻，商品率极高。

文学作品及典籍中提到过这种植物吗?

枣为中国原产，中国早已栽培，而且吃枣历史也很久了。《诗经》已有“八月剥枣”的记载了。《礼记》上有“枣栗饴蜜以甘之”，并把枣用于菜肴制作。《战国策》有“北有枣栗之利……足食于民”，指出枣在中国北方的重要作用。《韩非子》还记载了秦国饥荒时用枣栗救民的事。所以民间一直视枣为“铁杆庄稼”“木本粮食”之一。枣作为药用也很早，《神农本草经》即已收载，历代药籍均有记载，对其养生疗病的认识不断深化。至今，枣都被视为重要滋补品，有“一日吃三枣，一辈子不显老”之说。至今，枣仍是中国烹饪中的主要干果原料之一。

近似种：滇刺枣

叶卵形有齿 中华蚊母树

植物小档案

植物“名牌”：中华蚊母树（别名蚊母树、水浆柯子），金缕梅科蚊母树属。

一眼认识你：常绿乔木或灌木，栽培常呈灌木状。树冠常不规整。树皮暗灰色，粗糙，嫩枝及裸芽被垢鳞。单叶互生革质，椭圆形或倒卵形，深绿色，先端钝或略尖，全缘，常有虫瘿。总状花序腋生，雌雄花同序，花药深红色。果卵形，种子深褐色。花期4～5月，果熟期10月。

生于何方：主要分布于中国湖北来凤、鹤峰、巴东、秭归、兴山及四川，渝鄂交界的酉水河流域上游的小支流区域均有分布。

植物情报局

蚊母树名称的由来？

叶片为蚊虫的寄生体，虫卵在叶面中间像绿豆一样突起，孵化后的幼虫极小，成熟后飞出，叶面中间便形成了空洞，但对整株植物的健康生长并无丝毫影响，所以被称为“蚊母”。虫害主要有瘿蚜和介壳虫为害。叶面因受瘿蚜为害，常形成虫瘿，是本种特殊的观赏之处。

B 这种植物在园林绿化中有什么应用价值？

蚊母树枝叶密集，树形整齐，叶色浓绿，经冬不凋，春日开细小红花也颇美丽，加之抗性强、防尘及隔音效果好，是城市及工矿区绿化及观赏树种。植于路旁、庭前草坪上及大树下都很合适；成丛、成片栽植作为分隔空间或作为其他花木之背景效果亦佳。若修剪成球形，宜于门旁对植或作基础种植材料。亦可栽作绿篱和防护林带。

近似种：杨梅叶蚊母树

C 这种植物能在家种植吗？

中华蚊母树形独特，蔸盘粗壮，枝干短曲苍老，根悬露虬曲，奇异古朴，是栽培盆景最理想的材料，具有颇高的观赏价值。

D 中华蚊母树和小叶蚊母树有何区别

中华蚊母树小枝粗壮，被星状柔毛，节间极短，叶窄长椭圆形，长2～3厘米，近先端有2～3个锯齿，叶脉不明显，叶柄长约2毫米；小叶蚊母树小枝纤细，节间伸长，叶倒披针形，全缘，或仅在先端两侧各有1个小齿突，但不具锯齿。

皱皮木瓜

植物“名牌”：皱皮木瓜（别名贴梗海棠、贴梗木瓜），蔷薇科木瓜属。

一眼认识你：落叶灌木，高达2米。枝条直立开展，有刺。叶片卵形至椭圆形，稀长椭圆形，长3～9厘米，宽1.5～5厘米，先端急尖稀圆钝，基部楔形至宽楔形，边缘具有尖锐锯齿，齿尖开展，无毛或在萌蘖上沿下面叶脉有短柔毛。花先叶开放，3～5朵簇生于二年生老枝上；花梗短粗，长约3毫米或近于无柄；花直径3～5厘米；萼筒钟状，外面无毛；萼片直立，半圆形稀卵形，长3～4毫米。宽4～5毫米，长约萼筒之半，先端圆钝，全缘或有波状齿，及黄褐色睫毛；花瓣倒卵形或近圆形，基部延伸成短爪，猩红色，稀淡红色或白色。果实球形或卵球形，直径4～6厘米，黄色或带黄绿色，有稀疏不显明斑点，味芳香。花期3～5月，果期9～10月。

生于何方：产于中国陕西、甘肃、四川、贵州、云南、广东。缅甸亦有分布。

植物情报局

A 传统的“海棠四品”是哪“四品”？

明代《群芳谱》记载：海棠有四品，皆木本。这四品指的是：西府海棠、垂丝海棠、木瓜海棠和贴梗海棠。

B 这种植物在园林绿化中有什么应用价值？

皱皮木瓜可作为独特孤植观赏树或三五成丛点缀于园林小品或园林绿地中，也可培育成独干或多干的乔灌木作片林或庭院点缀。春季观花夏秋赏果，淡雅俏秀，多姿多彩，使人百看不厌，乐在其中。皱皮木瓜可制作多种造型的盆景，被称为盆景中的“十八学士”之一。皱皮木瓜盆景可置于厅堂、花台、门廊角隅、休闲场地，可与建筑合理搭配，庭园胜景因其倍添风采，被点缀得更加幽雅清秀。

C 这种植物有何功效？

皱皮木瓜药用价值很高，具有舒筋活络、化湿功能。中医认为皱皮木瓜能疏通经络，驱风活血，有强壮、兴奋、镇痛、平肝、和脾、化湿舒筋的功能。

叶卵形有齿

郁李

植物小档案

植物“名牌”：郁李（别名爵梅、秧李），蔷薇科樱属。

一眼认识你：灌木，高1～1.5米。小枝灰褐色，嫩枝绿色或绿褐色，无毛。冬芽卵形，无毛。叶片卵形或卵状披针形，长3～7厘米，宽1.5～2.5厘米，先端渐尖，基部圆形，边有缺刻状尖锐重锯齿，上面深绿色，无毛，下面淡绿色，无毛或脉上有稀疏柔毛，侧脉5～8对；叶柄长2～3毫米，无毛或被稀疏柔毛；托叶线形，长4～6毫米，边有腺齿。花1～3朵，簇生，花叶同开或先叶开放；花梗长5～10毫米，无毛或被疏柔毛；萼筒陀螺形，长宽近相等，约2.5～3毫米，无毛，萼片椭圆形，比萼筒略长，先端圆钝，边有细齿；花瓣白色或粉红色，倒卵状椭圆形；雄蕊约32；花柱与雄蕊近等长，无毛。核果近球形，深红色，直径约1厘米；核表面光滑。花期5月，果期7～8月。

生于何方：产于中国黑龙江、吉林、辽宁、河北、山东、浙江。生于山坡林下、灌丛中或栽培，适应海拔为100～200米。日本和朝鲜也有分布。

植物情报局

A 郁李和麦李如何区别？

麦李的叶柄较短，叶片先端渐尖，最宽处在中部；叶之侧脉较少，4～5对。郁李的叶柄较长，叶片先端渐尖，具尾状尖，最宽处在中部以下；叶之侧脉较多，5～8对。麦李的果实直径较大，郁李的果实直径较小。麦李的花朵非常密集，郁李的花朵稍微疏松。麦李的花萼筒为钟状，而郁李的花萼筒则是陀螺状。

B 这种植物在园林绿化中有什么应用价值？

桃红色宝石般的花蕾，繁密如云的花朵，深红色的果实，都非常美丽可爱，是园林中重要的观花、观果树种。宜丛植于草坪、山石旁、林缘、建筑物前；或点缀于庭院路边，或与棣棠、迎春等其他花木配植，也可作花篱栽植。

C 郁李的花语是什么？

郁李的花语为忠实、困难。

叶卵形有齿

北美海棠

植物小档案

植物“名牌”：北美海棠（别名美国海棠），蔷薇科苹果属。

一眼认识你：落叶小乔木，株高一般在2.5 ~ 5米。树型上由开展型到紧凑型、垂枝型；分枝多变，互生直立悬垂等无弯曲枝。叶色上由绿色到红色、紫色或先红后绿，可谓色彩斑斓。花序分伞状或着伞房花序的总状花序，多有香气。有花4 ~ 7朵，集生于小枝顶端，花梗长2 ~ 3厘米，花色分白色、黄色、粉色、红色、紫红、桃红等，雄蕊约20。肉质梨果，果有绿色、紫红、桃红等，果实直径为0.9 ~ 2.5厘米，观果期长达2 ~ 5个月，果期8 ~ 9月。

生于何方：原产北美。现我国多地引种栽培。

植物情报局

北美海棠有哪些品种？

主要品种有‘道格’海棠、‘火焰’海棠、‘宝石’海棠、‘凯尔斯’海棠、‘粉芽’海棠、‘绚丽’海棠、‘红玉’海棠、‘红丽’海棠、‘王族’海棠、‘雪球’海棠、‘钻石’海棠、‘草莓果冻’海棠等。其中‘红玉’海棠为垂枝的品种，‘凯尔斯’为重瓣花的新品种，‘王族’海棠叶色紫红，是观花观叶的优秀品种。

B 这种植物在园林绿化中有什么应用价值？

经过改良选育的北美海棠在园林绿化方面有着其他树种无可比拟的魅力，北美海棠在对大自然和对人类的人居环境的美化贡献是不可轻视的。花期为4月上旬，花色红艳夺目，花形美丽动人，团团锦簇，在5～6月间徐徐长出色彩艳丽的新叶，继而在满树红绿交映的叶丛中缀出姹紫嫣红，累累玲珑的小海棠果等到7～8月里已经是红透透的挂满整树。并且一直挂果到明年的春天。是不可多得的集观花、观叶、观果为一体的观赏树种适应性强，能耐−30℃低温，全国各地均可引种栽培。

C 北美海棠有何习性？

北美海棠抗性强、耐瘠薄，耐寒性强，性喜阳光，耐干旱，忌渍水，在干燥地带生长良好，管理容易。深秋以后气温逐渐下降，生长易受到抑制。以后进入半休眠状态，新枝嫩叶不发，花朵稀少。中国北方一二月气温低，有时连续严寒冰冻。北美海棠家庭养植若不注意保暖，便有冻死的可能。故霜冻之前要把盆株移置室内有阳光的地方。

叶卵形有齿 中华猕猴桃

近似种：
大籽猕猴桃

植物小档案

植物“名牌”：中华猕猴桃（别名阳桃、羊桃藤），猕猴桃科猕猴桃属。

一眼认识你：大型落叶藤本植物。叶纸质，倒阔卵形至倒卵形或阔卵形至近圆形，长6～17厘米，宽7～15厘米，顶端截平形并中间凹入或具突尖、急尖至短渐尖，基部钝圆形、截平形至浅心形，边缘具脉出的直伸的睫状小齿。聚伞花序1～3花；花初放时白色，放后变淡黄色，有香气。果黄褐色，近球形、圆柱形、倒卵形或椭圆形，长4～6厘米，被茸毛、长硬毛或刺毛状长硬毛，成熟时秃净或不秃净，具小而多的淡褐色斑点；宿存萼片反折；种子纵径2.5毫米。

生于何方：广泛分布于长江流域，大约在北纬23°～24°的亚热带山区，如河南、陕西、湖南、江西、四川、福建、广东、广西、台湾等地区。

植物情报局

A 猕猴桃原产中国吗？

很多人以为猕猴桃是新西兰特产，其实它的祖籍是中国，一个世纪以前才引入新西兰。早在公元前，《诗经》中就有了关于猕猴桃的记载，李时珍在《本草纲目》中描绘猕猴桃的形、色时说："其形如梨，其色如桃，而猕猴喜食，故有诸名。"

B 猕猴桃有何营养价值和功效？

猕猴桃果实富含氨基酸、微量元素和维生素等营养物质，尤其是果实所含的维生素C极高，是人体优质保健食品。猕猴桃根及根皮含大黄素、大黄素甲醚、3-羟基大黄素、大黄酸以及中华猕猴桃多糖复合物等，具有清热解毒、活血消肿、祛风化湿等功效。

C 猕猴桃的名称由来？

猕猴桃因为猕猴喜食而得名。

叶卵形有齿

日本晚樱

植物小档案

植物“名牌”：日本晚樱（别名重瓣樱花），蔷薇科樱属。

一眼认识你：乔木，高3～8米。叶片卵状椭圆形或倒卵椭圆形，长5～9厘米，宽2.5～5厘米，先端渐尖，基部圆形，边有渐尖单锯齿及重锯齿。伞房花序总状或近伞形，有花2～3朵；总苞片褐红色，倒卵长圆形，外面无毛，内面被长柔毛；总梗长5～10毫米，无毛；花瓣粉色，倒卵形，先端下凹；雄蕊约38枚；花柱无毛。核果球形或卵球形，紫黑色，直径8～10毫米。花期4～5月，果期6～7月。

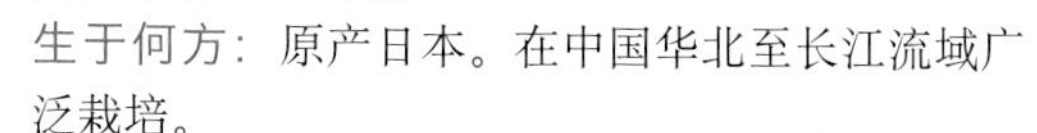

生于何方：原产日本。在中国华北至长江流域广泛栽培。

植物情报局

为什么说樱花是日本国民审美的集中体现？

樱花热烈、纯洁、高尚，严冬过后是它最先把春天的气息带给人们。日本人认为人生短暂，活着就要像樱花一样灿烂，即使死，也该果断离去。樱花凋落时，很干脆，被尊为日本精神。

在园林绿化中如何应用？

樱花花大而芳香，盛开时繁花似锦。樱花类既有梅之幽香又有桃之艳丽，品种更多达数百种。一般言之，樱花以群植为佳，最宜行集团状群植，在各集团之间配植常绿树作衬托，这样做不但能充分发挥樱花的观赏效果而且有利于病虫害的防治。在庭园中有点景时，最好用不同数量的植株，成组地配植，而且应有背景树。山樱适合配植于大的自然风景区内，尤其在山区；可依不同海拔高度、小气候环境行集团式配植，这样还可延长观花期，丰富景物的趣味。日本晚樱中花大而芳香的品种以及四季开花的‘四季樱’等均宜植于庭园建筑物旁或行孤植；至于晚樱中的‘大岛樱’则是滨海城市及工矿城市中的良好绿化材料。

我国栽培樱花常见的品种有哪些？

我国园林中常见的樱花品种主要有‘云南早樱’‘染井吉野’‘大岛樱’‘关山’及华中樱桃、樱桃等。

近似种：御衣黄樱花

叶卵形有齿

栓皮栎

植物“名牌”：栓皮栎（别名软木栎、粗皮青冈），壳斗科栎属。

一眼认识你：落叶乔木，高达30米。胸径达1米以上，树皮黑褐色，深纵裂，木栓层发达。小枝灰棕色，无毛。芽圆锥形，芽鳞褐色，具缘毛。叶片卵状披针形或长椭圆形，长8～20厘米，宽2～8厘米，顶端渐尖，基部圆形或宽楔形，叶缘具刺芒状锯齿。雄花序长达14厘米；雌花序生于新枝上端叶腋。坚果近球形或宽卵形，高、径约1.5厘米，顶端圆，果脐突起。花期3～4月，果期翌年9～10月。

生于何方：产于中国辽宁、河北、山西、陕西、甘肃、山东、江苏、安徽、浙江、江西、福建、台湾、河南、湖北、湖南、广东、广西、四川、贵州、云南等省区。华北地区通常生于海拔800米以下的阳坡，西南地区可达海拔2000～3000米。

A 葡萄酒的软木塞是什么制成的？

软木塞素有葡萄酒“守护神”的美誉，一直以来都被认为是理想的葡萄酒瓶塞。它的密度和硬度要适中，柔韧性和弹性要好，还要有一定的渗透性和黏滞性。葡萄酒一旦装瓶后，酒体与外界接触的唯一通道便由软木塞把守着。这个软木塞大部分是由栓皮栎木栓层制成。

B 这种植物在园林绿化中有什么应用价值？

栓皮栎树干通直，枝条广展，树冠雄伟，浓荫如盖，秋季叶色转为橙褐色，季相变化明显，是良好的绿化观赏树种，孤植、丛植或与其他树混交成林，均甚适宜。因根系发达，适应性强，树皮不易燃烧，又是营造防风林、水源涵养林及防护林的优良树种。

C 为什么栓皮栎不怕剥皮？

栓皮栎有一个与众不同的特性：不怕剥皮。成块的树皮被剥光以后，就露出了橙黄色的内层，它不仅不死，而且仍然枝叶茂盛，并长出新的树皮。隔几年以后，它又可以剥皮了。一棵栓皮栎一生可以剥10次皮，采集树皮的重量可达1000千克。

叶卵形有齿

紫叶李

植物“名牌”：紫叶李（别名红叶李、樱桃李），蔷薇科李属。

一眼认识你：落叶小乔木，高可达8米。干皮紫灰色，小枝淡红褐色，均光滑无毛，单叶互生，叶卵圆形或长圆形状披针形，长4.5～6.0厘米，宽2～4厘米，先端短尖，基部楔形，缘具尖细锯齿，羽状脉5～8对，两面无毛或背面脉腋有毛，色暗绿色或紫红，叶柄光滑多无腺体，花单生或2朵簇生，白色，雄蕊约25枚，略短于花瓣，花部无毛，核果扁球形，径1～3厘米，腹缝线上微见沟纹，无梗洼，熟时黄、红或紫色，光亮或微被白粉。花叶同放，花期4月，果期8月，果常早落。

生于何方：原产亚洲西南部，中国华北及其以南地区广为种植。

A 紫叶李有哪些习性？

喜光也稍耐阴，抗寒，适应性强，以温暖湿润的气候环境和排水良好的砂质壤土最为有利。怕盐碱和涝洼。浅根性，萌蘖性强，对有害气体有一定的抗性。

B 紫叶李在园林绿化中如何应用？

著名的色叶树种，孤植群植皆宜，能衬托背景。北方紫叶李枝干为紫灰色，嫩芽淡红褐色，叶子光滑无毛，花蕊短于花瓣，花瓣为单瓣。小小的花，粉中透白，在紫色的叶子衬托下，煞是好看。尤其是紫色发亮的叶子，在其他绿叶树丛中，像一朵朵永开不败的紫花花，在青山绿水中形成一道靓丽的风景线。

C 紫叶李如何繁殖？

多以山桃作砧木嫁接繁育，也可插条和嫁接进行繁殖。

叶卵形有齿

白桦

植物小档案

植物“名牌”：白桦（别名粉桦、桦树），桦木科桦木属。

一眼认识你：叶乔木，高可达27米。树皮灰白色，成层剥裂。叶厚纸质，三角状卵形、三角状菱形、三角形、少有菱状卵形和宽卵形。果序单生，圆柱形或矩圆状圆柱形，通常下垂，长2 ~ 5厘米，直径6 ~ 14毫米；序梗细瘦，长1 ~ 2.5厘米，密被短柔毛，成熟后近无毛，小坚果狭矩圆形、矩圆形或卵形，长1.5 ~ 3毫米，宽约1 ~ 1.5毫米，背面疏被短柔毛，膜质翅较果长1/3，较少与之等长，与果等宽或较果稍宽。

生于何方：产于中国东北、华北、河南、陕西、宁夏、甘肃、青海、四川、云南、西藏东南部。俄罗斯远东地区及东西伯利亚、蒙古东部、朝鲜北部，日本也有分布。

植物情报局

A 这种植物在园林绿化中有什么应用价值?

白桦林即白桦树组成的林木。枝叶扶疏，姿态优美，尤其是树干，既修直，又洁白雅致，十分引人注目。孤植或丛植于庭园、公园之草坪、池畔、湖滨或列植于道旁均颇美观。若在山地或丘陵坡地成片栽植，可组成美丽的风景林。

B 这种植物是哪个国家的国树?

白桦树是俄罗斯的国树，是这个国家的民族精神的象征。

C 白桦的花语是什么?

白桦的花语和象征意义是生与死的考验。

D 什么是“桦树皮文化”?

距今4000～2000年的青铜时代到铁器时代早期，在远东，西伯利亚地区有一个规模庞大的文化圈，覆盖了今天的中国东北地区、朝鲜半岛、俄罗斯远东地区、西伯利亚地区等地，这个文化圈属于不同民族，有着不同文化传统的生计模式，但他们有一个共同的特点，那就是大规模使用桦树皮制成的器物。小到盛食物的器皿、狩猎工具，大到船只。学者将这种特殊的文化称为“桦树皮文化”。使用这种桦树皮器皿至今还有，如中国东北地区的赫哲族。

叶披针形

碧桃

植物小档案

植物“名牌”：碧桃（别名千叶桃花），蔷薇科桃属。

一眼认识你：乔木，高3～8米。叶片长圆披针形、椭圆披针形或倒卵状披针形，长7～15厘米，宽2～3.5厘米，先端渐尖，基部宽楔形。花单生，先于叶开放，直径2.5～3.5厘米；花梗极短或几无梗；萼筒钟形，被短柔毛，稀几无毛，绿色而具红色斑点；萼片卵形至长圆形，顶端圆钝，外被短柔毛；花瓣长圆状椭圆形至宽倒卵形，粉红色，罕为白色；雄蕊约20～30，花药绯红色；花柱几与雄蕊等长或稍短；子房被短柔毛。果实形状和大小均有变异，卵形、宽椭圆形或扁圆形，长几与宽相等，色泽变化由淡绿白色至橙黄色，常在向阳面具红晕，外面密被短柔毛，稀无毛，腹缝明显，果梗短而深入果洼；果肉白色、浅绿白色、黄色、橙黄色或红色，多汁有香味，甜或酸甜；核大，离核或黏核。花期3～4月，果实成熟期因品种而异，通常为8～9月。

生于何方：原产中国，分布在西北、华北、华东、西南等地。现世界各国均已引种栽培。江苏、山东、浙江、安徽、浙江、上海、河南、河北等地栽培较多。

植物情报局

这种植物在园林绿化中有什么应用价值？

碧桃花大色艳，开花时美丽，观赏期达15天之久，也是园林绿化中常用的彩色苗木之一，通常和紫叶李、紫叶矮樱等苗木一起使用。在园林绿化中被广泛用于湖滨、溪流、道路两侧和公园等，在小型绿化工程如庭院绿化点缀、私家花园等，也用于盆栽观赏，可列植、片植、孤植，当年即有特别好的绿化效果体现。

碧桃有哪些常见品种？

‘白碧桃’：花径一般为3厘米，最多不超过5厘米，白色半重瓣，花瓣圆形；

‘洒金碧桃’：花径约4.5厘米，半重瓣，花瓣长圆形，常呈卷缩状，在同一花枝上能开出两色花，多为粉色或白色；

‘寿星桃’：属矮化种，花小型、复瓣，白色或红色，枝条的节间极短，花芽密生；

‘垂枝碧桃’：枝条柔软下垂，花重瓣，有浓红、纯白、粉红等色；

‘鸳鸯桃’：花复瓣，水绿色，花期较晚，成双结实；

‘红叶碧桃’：重瓣花，叶子紫红色，先开花后长叶，结果。

碧桃花的花语是什么？

碧桃花的花语：消恨之意。苏东坡就曾作诗云：鄱阳湖上都昌县，灯火楼台一万家。水隔南山人不渡，东风吹老碧桃花。

叶披针形

垂柳

植物小档案

植物“名牌”：垂柳（别名垂杨柳），杨柳科柳属。

一眼认识你：高大落叶乔木。小枝细长下垂，淡黄褐色。叶互生，披针形或条状披针形，长8～16厘米，先端渐长尖，基部楔形，无毛或幼叶微有毛，具细锯齿，托叶披针形。雄蕊2，花丝分离，花药黄色，腺体2。雌花子房无柄，腺体1。花期3～4月，果熟期4～6月。

生于何方：产于中国长江流域与黄河流域，其他各地均栽培，在亚洲、欧洲、美洲各国均有引种。

植物情报局

为什么柳树又叫"杨柳"?

古代传奇小说《开河记》记述，隋炀帝登基后，下令开凿通济渠，有人建议在堤岸种柳，隋炀帝认为这个建议不错，就下令在新开的大运河两岸种柳，并亲自栽植，御书赐柳树姓杨，享受与帝王同姓之殊荣，从此柳树便有了"杨柳"之美称。

B 这种植物在园林绿化中有什么应用价值?

这种植物枝条细长，生长迅速，自古以来深受中国人民喜爱，最宜配植在水边，如桥头、池畔、河流，湖泊等水系沿岸处，与桃花间植可形成桃红柳绿之景，是春景的特色配植方式之一。也可作庭荫树、行道树、公路树，亦适用于工厂绿化，还是固堤护岸的重要树种。

C 柳树有哪些传说?

柳树的"柳"因同"留"音，故有惜别之意；柳树传说为古代四大鬼树之一,一般家中不会种植。此外，柳树也有对女子阴柔之美的称赞。

D 中国古代是否就有赏柳的习俗?

清明是踏青的大好时机。宋代周密的《武林旧事》记载："清明前后十日，城中仕女艳妆饰，金翠琛玉，接踵联肩，翩翩游赏，画船箫鼓，终日不绝。"踏青的一个重要内容是看柳，这点，从许多关于清明的诗词可以看出来，如宋人吴惟信《苏堤清明即事》："梨花风起正清明，游子寻春半出城。日暮笙歌收拾去，万株杨柳属流莺。"

叶披针形

垂盆草

近似种：佛甲草

植物小档案

植物“名牌”：垂盆草（别名瓜子草、石指甲），景天科景天属。

一眼认识你：多年生肉质草本植物。不育枝匍匐生根，结实枝直立，长10～20厘米。叶3片轮生，倒披针形至长圆形，长15～25毫米，宽3～5毫米，顶端尖，基部渐狭，全缘。聚伞花序疏松，常3～5分枝；花淡黄色，无梗；萼片5，阔披针形至长圆形，长3.5～5毫米，顶端稍钝；花瓣5，披针形至长圆形，长5～8毫米，顶端外侧有长尖头；雄蕊10，较花瓣短；心皮5，稍开展。种子细小，卵圆形，无翅，表面有乳头突起。花期5～6月，果期7～8月。

生于何方：产于中国吉林、辽宁、河北、山西、陕西、甘肃、山东、江苏、安徽、浙江、江西、福建、河南、湖北、湖南、四川、贵州等地。

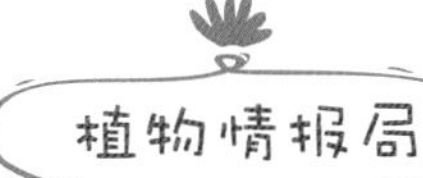

A 这种植物在园林绿化中有什么应用价值？

初夏开五星状黄色小花，蝎尾状花序组成聚伞花序，每花序有花可达50朵以上。用于草坪、地被和立体花坛。

B 这种植物有何功效？

垂盆草可疗水火烫伤，用鲜草洗净捣汁外涂；可用于痈肿初起，除煎汤内服外，同时用鲜草洗净捣烂外敷，还可消痈退肿。垂盆草善解蛇毒，为民间治疗毒蛇咬伤的常用药品。

C 为什么说垂盆草是屋顶绿化的良好材料？

垂盆草除了具有良好的景观效果外，由于其根系穿透能力弱，无法穿透防水层，不会破坏房屋屋面结构，造成渗漏。垂盆草极耐干旱、耐高温，是一种多浆植物，体内含水量高。它在干旱时自身可调节水分。其吸水能力强，一个月不浇水也不会干死，在45℃左右的高温环境中，仍能旺盛生长。垂盆草的抗寒性强，在沈阳最低气温达−32℃时，能安全越冬，并于第二年春天顺利返青。冬季干茎抓地牢，不会被风刮起；所需营养基质薄，3～5厘米厚即可良好生长。垂盆草具有较强的耐湿、耐贫瘠和抗病虫害的能力，完全适应中国北方的气候特点，可以粗放管理，节省大量的物力和人力。

叶披针形 风仙花

植物小档案

植物“名牌”：凤仙花（别名指甲花、桃红），凤仙花科凤仙花属。

一眼认识你：一年生草本，高60 ~ 100厘米。茎粗壮，肉质，直立，不分枝或有分枝，无毛或幼时被疏柔毛，基部直径可达8毫米，具多数纤维状根，下部节常膨大。叶互生，最下部叶有时对生；叶片披针形、狭椭圆形或倒披针形。花单生或2 ~ 3朵簇生于叶腋，无总花梗，白色、粉红色或紫色，单瓣或重瓣。蒴果宽纺锤形，长10 ~ 20毫米，两端尖，密被柔毛。花期7 ~ 10月。

生于何方：原产中国、印度。中国各地庭园广泛栽培，为常见的观赏花卉。中国南北各地均有栽培。药材主产于江苏、浙江、河北、安徽等地。

植物情报局

为什么凤仙花的花语是“别碰我”？

因为凤仙花的籽荚只要轻轻一碰就会弹射出很多籽儿来，所以有此花语。

B 这种植物在园林绿化中有什么应用价值?

凤仙花如鹤顶、似彩凤，姿态优美，妩媚悦人。凤仙花因其花色、品种极为丰富，是美化花坛、花境的常用材料，可丛植、群植和盆栽，也可作切花水养。

C 凤仙花有何功效?

茎及种子入药。茎称“凤仙透骨草”，有祛风湿、活血、止痛之效。种子称“急性子”，有软坚、消积之效。

D 凤仙花可以吃吗?

凤仙花在中国南北各省均有栽培，人们煮肉、炖鱼时，放入数粒凤仙花种子，肉易烂、骨易酥，别具风味。凤仙花嫩叶焯水后可加油盐凉拌食用。

E 为什么凤仙花又称指甲花?

在古代，将凤仙花的花瓣或者叶子捣碎，用树叶包在指甲上，能染上鲜艳的红色，非常漂亮，很受女孩子的喜爱。中东人很早就种植这种植物，据记载，埃及艳后就是利用指甲花来染头发的。著名的印度身体彩绘，也是用它来染色的。

叶披针形

结香

植物小档案

植物“名牌”：结香（别名打结花、梦冬花），瑞香科结香属。

一眼认识你：灌木，高约0.7～1.5米。小枝粗壮，褐色，常作三叉分枝，幼枝常被短柔毛，韧皮极坚韧，叶痕大，直径约5毫米。叶在花前凋落，长圆形，披针形至倒披针形，先端短尖，基部楔形或渐狭。头状花序顶生或侧生，具花30～50朵，成绒球状，外围以10枚左右被长毛而早落的总苞；花序梗长1～2厘米，被灰白色长硬毛；花芳香，无梗，花萼长约1.3～2厘米，宽约4～5毫米，外面密被白色丝状毛，内面无毛，黄色，顶端4裂。果椭圆形，绿色，长约8毫米，直径约3.5毫米，顶端被毛。花期冬末春初，果期春夏间。

生于何方：产于中国河南、陕西及长江流域以南诸省区。

A 结香名字的由来？

结香枝条柔软、韧性极强，弯之可打结而不折断，花朵又有浓郁的香气，故而得此名。加之其花在未开之前，所有花蕾都是低垂着的，像是在梦中一样，人们据此称其为“梦树”。还有一种说法是，民间传说清晨梦醒后，在结香树上打花结可以有意外之喜：若是晚上做了美梦，早晨的花结就可以让你美梦成真；若是晚上做了噩梦，早晨的花结可以助你解厄脱难，让你一帆风顺。所以，结香树就被人们称为“梦树”，它的花自然也就成了“梦花”。

B 这种植物在园林绿化中有什么应用价值？

结香树冠球形，枝叶美丽，宜栽在庭园或盆栽观赏。全株供药用。树皮可取纤维，供造纸；枝条柔软，可供编筐。结香姿态优雅，柔枝可打结，十分惹人喜爱，适植于庭前、路旁、水边、石间、墙隅。北方多盆栽观赏。

C 结香有何象征意义？

结香的花语和象征意义是喜结连枝。在中国，结香被称作中国的爱情树。因为很多恋爱中的人们相信，若要得到长久的甜蜜爱情和幸福，只要在结香的枝上打两个同向的结，这个愿望就能实现。

D 结香自己会打结吗？

不会，结香自己打结的概率微乎其微，多是人为。

叶披针形

卷丹

近似种：川百合

植物小档案

植物“名牌”：卷丹（别名宜兴百合、南京百合），百合科百合属。

一眼认识你：鳞茎近宽球形，高约3.5厘米，直径4～8厘米；鳞片宽卵形，长2.5～3厘米，宽1.4～2.5厘米，白色。茎高0.8～1.5米，带紫色条纹，具白色绵毛。叶散生，矩圆状披针形或披针形，两面近无毛，有5～7条脉。花3～6朵或更多；苞片叶状，卵状披针形；花下垂，花被片披针形，反卷，橙红色，有紫黑色斑点。蒴果狭长卵形，长3～4厘米。花期7～8月，果期9～10月。

生于何方：产于中国江苏、浙江、安徽、江西、湖南、湖北、广西、四川、青海、西藏、甘肃、陕西、山西、河南、河北、山东和吉林等省区，各地有栽培。日本、朝鲜也有分布。

植物情报局

这种植物在园林绿化中有什么应用价值？

卷丹因为其花瓣向外翻卷的，花色火红，故有“卷丹”之美名。将其地栽于庭院则夏季可观赏花朵。国外已成为重要观赏花卉。其花形奇特，摇曳多姿，不仅适于园林中花坛、花境及庭院栽植，也是切花和盆栽的良好材料。

卷丹有何经济用途？

卷丹鳞茎富含淀粉，供食用，亦可作药用。花含芳香油，可作香料。在中国，百合的球根晒干后更可用来熬汤，而且植株的多个部分可入药。

这种植物有何寓意？

百合被古人视为“百年好合”“百事合意”的吉兆，故历来许多情侣在举行婚礼时都要用百合来做新娘的捧花，除了这种好意头之外，它端庄淡雅的花形确实十分可人。

叶披针形

狼尾花

植物小档案

植物“名牌”：狼尾花（别名狼尾巴花、珍珠菜），报春花科珍珠菜属。

一眼认识你：多年生草本，具横走的根茎，全株密被卷曲柔毛。茎直立，高30 ~ 100厘米。叶互生或近对生，长圆状披针形、倒披针形以至线形，长4 ~ 10厘米，宽6 ~ 22毫米，先端钝或锐尖，基部楔形，近于无柄。总状花序顶生，花密集，常转向一侧；花序轴长4 ~ 6厘米，后渐伸长，果时长可达30厘米；苞片线状钻形，花梗长4 ~ 6毫米，通常稍短于苞片；花萼长3 ~ 4毫米，分裂近达基部，裂片长圆形，周边膜质，顶端圆形，略呈啮蚀状；花冠白色，长7 ~ 10毫米，基部合生部分长约2毫米，裂片舌状狭长圆形，宽约2毫米，先端钝或微凹，常有暗紫色短腺条；雄蕊内藏，花丝基部约1.5毫米连合并贴生于花冠基部，分离部分长约3毫米，具腺毛。蒴果球形。花期5 ~ 8月，果期8 ~ 10月。

生于何方：产于中国黑龙江、吉林、辽宁、内蒙古、河北、山西、陕西、甘肃、四川、云南、贵州、湖北、河南、安徽、山东、江苏、浙江等省。生于草甸、山坡路旁灌丛间，垂直分布上限可达海拔2000米。俄罗斯、朝鲜、日本有分布。

植物情报局

狼尾花有何功效?

全草药用，能活血调经、散瘀消肿、解毒生肌、利水、降压，云南民间用全草治疮疖、刀伤。根茎含有3.63%的鞣质，可提制栲胶。花艳丽，可栽培供观赏。

这种植物在园林绿化中有什么应用价值?

可作花坛、花径、花带镶边花卉栽培，或盆栽作室内观赏花卉。由于花穗长大而洁白，外形美观，还可作切花装饰花篮、花环、瓶插。

这种植物能吃吗?

狼尾花性味苦，比较酸，无毒，春天长出的嫩苗焯水后可以作为野菜食用。

狼尾花名字的由来?

狼尾花的花比较密，白色的小花一朵挨着一朵，花序比较有特点，不是直着向上长，而是向一侧耷拉下来，毛茸茸的，看上去就像狼的尾巴垂下来一样。

叶披针形 麻叶绣线菊

植物“名牌”：麻叶绣线菊（别名麻叶绣球），蔷薇科绣线菊属。

一眼认识你：落叶灌木，高可达1.5米，小枝细瘦，冬芽小，卵形，叶片菱状披针形至菱状长圆形，上面深绿色，下面灰蓝色，两面无毛，叶柄无毛。伞形花序具多数花朵；苞片线形，萼筒钟状，萼片三角形或卵状三角形，花瓣近圆形或倒卵形，白色；花盘由大小不等的近圆形裂片组成，子房近无毛，蓇葖果直立开张，花柱顶生。花期4～5月，果期7～9月。

生于何方：分布于中国广东、广西、福建、浙江、江西。在河北、河南、山东、陕西、安徽、江苏、四川均有栽培。日本也有分布。

这种植物在园林绿化中有什么应用价值?

绣线菊植物花朵繁茂，盛开时枝条全部为细巧的花朵所覆盖，形成一条条拱形花带，树上树下一片雪白，十分惹人喜爱，而且繁殖容易，耐寒、耐旱，是一类极好的观花灌木。在城市园林植物造景中，可以丛植于山坡、水岸、湖旁、石边、草坪角隅或建筑物前后，起到点缀或映衬作用，构建园林主景，初夏观花，秋季观叶，构筑迷人的四季景观。同时该种为落叶灌木，枝条细长且萌蘖性强，因而可以代替女贞、黄杨用作绿篱，起到阻隔作用，又可观花。由于其花期长，用作花境，可形成美丽的花带。

常见园林栽培的绣线菊属植物有哪些?

园林常见绣线菊属植物有菱叶绣线菊、绣球绣线菊、土庄绣线菊、中华绣线菊等，另外还有众多园艺品种。

麻叶绣线菊有何药用价值?

麻叶绣线菊是一种可以入药的植物，它的根、叶子和果实都可以入药，清热凉血与化瘀都是它的重要功效，平时多用于人类跌打损伤的治疗。治疗时可以把新鲜的麻叶绣线菊的叶子捣碎直接外敷在受伤的部位上，每天更换一次，就能起到很好的消肿和止痛作用。

叶披针形

千屈菜

植物小档案

植物“名牌”：千屈菜（别名水枝柳、水柳），千屈菜科千屈菜属。

一眼认识你：多年生草本，根茎横卧于地下，粗壮；茎直立，多分枝，高30～100厘米，全株青绿色，略被粗毛或密被茸毛，枝通常具4棱。叶对生或三叶轮生，披针形或阔披针形。花组成小聚伞花序，簇生，因花梗及总梗极短，因此花枝全形似一大型穗状花序；苞片阔披针形至三角状卵形，长5～12毫米；萼筒长5～8毫米，有纵棱12条，稍被粗毛，裂片6，三角形；附属体针状，直立，长1.5～2毫米；花瓣6，红紫色或淡紫色，倒披针状长椭圆形，基部楔形，长7～8毫米，着生于萼筒上部，有短爪，稍皱缩；雄蕊12，6长6短，伸出萼筒之外；子房2室，花柱长短不一。蒴果扁圆形。

生于何方：产于中国各地，亦有栽培。分布于亚洲、欧洲、非洲的阿尔及利亚、北美和澳大利亚东南部。

植物情报局

A 千屈菜可以吃吗？

千屈菜为药食兼用野生植物。其全草入药；嫩茎叶可作野菜食用，在中国民间已有悠久的食用历史，古代，民间除了荒年，春季缺少蔬菜时人们也普遍食些野菜，以补充维生素等营养素，免于疾病。千屈菜就是常被食用的野菜。

B 这种植物在园林绿化中有什么应用价值？

株丛整齐，耸立而清秀，花朵繁茂，花序长，花期长，是水景中优良的竖线条材料。最宜在浅水岸边丛植或池中栽植。也可作花境材料及切花，盆栽或沼泽园用。本种为花卉植物，华北、华东常栽培于水边或作盆栽。

C 千屈菜的花语是什么？

千屈菜生长在沼泽或河岸地带，爱尔兰人替它取了一个奇怪的名字叫“湖畔迷路的孩子”。它不是群生植物，而是掺杂在其他植物丛中，单株生长，花色淡雅，它也是七月二十七日的生日花，因此它的花语是孤独。

叶披针形

青葙

植物小档案

植物“名牌”：青葙（别名百日红、鸡冠苋），苋科青葙属。

一眼认识你：一年生草本，高0.3～1米，全体无毛。茎直立，有分枝，绿色或红色，具显明条纹。叶片矩圆披针形、披针形或披针状条形，少数卵状矩圆形。花多数，密生，在茎端或枝端成单一、无分枝的塔状或圆柱状穗状花序，长3～10厘米；苞片及小苞片披针形，长3～4毫米，白色，光亮，顶端渐尖，延长成细芒，具1中脉，在背部隆起；花被片矩圆状披针形，长6～10毫米，初为白色顶端带红色，或全部粉红色，后成白色，顶端渐尖，具1中脉，在背面凸起。花期5～8月，果期6～10月。

生于何方：产于中国山东、江苏、安徽、浙江、福建、台湾、江西、湖北、湖南、广东、海南、广西、贵州、云南、四川、甘肃、陕西及河南等地，生于海拔20～1500米以下平原、田边、丘陵、山坡。朝鲜、日本、俄罗斯、印度、越南、缅甸、泰国、菲律宾、马来西亚及非洲热带有分布。

A 青葙怎么吃?

食用部位为青葙的嫩苗、嫩叶、花序。于春、夏季采摘嫩茎叶，开水烫后漂去苦味，加调料凉拌或炒食，种子还可代替芝麻做糕点用。

B 鸡冠花种子和青葙种子有何区别?

不少地区习惯将苋科植物鸡冠花种子作青葙种子使用，并已有较长的历史。二者外形相似，区别点在于鸡冠花果壳上残留的花柱长约0.2 ~ 0.3厘米，约比青葙种子短1/3左右；如以扩大镜观察，鸡冠花种子表面有细小的凹点，而青葙种子则不甚显著。

C 青葙种子有何功效?

种子可祛风热，清肝火，坚筋骨，去风寒湿痹。

叶披针形

山桃

近似种：光核桃

植物小档案

植物“名牌”：山桃（别名花桃），蔷薇科桃属。

一眼认识你：落叶乔木，高可达10米。叶片卵状披针形，长5～13厘米，宽1.5～4厘米，先端渐尖，基部楔形，两面无毛，叶边具细锐锯齿；叶柄长1～2厘米，无毛，常具腺体。花单生，先于叶开放，直径2～3厘米；花瓣倒卵形或近圆形，长10～15毫米，宽8～12毫米，粉红色，先端圆钝，稀微凹。果实近球形，直径2.5～3.5厘米，淡黄色，外面密被短柔毛，果梗短而深入果洼；果肉薄而干。花期3～4月，果期7～8月。

生于何方：产于中国山东、河北、河南、山西、陕西、甘肃、四川、云南等地。生于山坡、山谷沟底或荒野疏林及灌丛内，海拔800～3200米处。

植物情报局

A 山桃有何用途？

本种抗旱耐寒，又耐盐碱土壤，在华北地区主要作桃、梅、李等果树的砧木，也可供观赏。木材质硬而重，可作各种细工及手杖。果核可做玩具或念珠。种仁可榨油供食用。

B 这种植物在园林绿化中有什么应用价值？

山桃花期早，开花时美丽，观赏性强，并有曲枝、白花、柱形等变异类型。园林中宜成片植于山坡并以苍松翠柏为背景，方可充分显示其娇艳之美。在庭院、草坪、水际、林缘、建筑物前零星栽植也很合适。山桃在园林绿化中的用途广泛，绿化效果非常好，深受人们的喜爱。山桃的移栽成活率极高，恢复速度快。

C 山桃有何功效？

它的种子、根、茎、皮、叶、花、桃胶均可药用。山桃花的种子，中药名为桃仁，性味苦、甘、平。具有活血行润燥滑肠的功能。

叶披针形

珊瑚樱

植物“名牌”：珊瑚樱（别名冬珊瑚、红珊瑚），茄科茄属。

一眼认识你：常绿性小灌木。茎高60～120厘米，直立。叶互生，狭矩圆形至倒披针形，边缘呈波状。花小，辐射状，白色，单生或稀成蝎尾状花序花，萼5裂；花冠檐部5裂；雄蕊5，着生于花冠筒喉部。浆果球形，橙红色或黄色，留存枝上经久不落；种子扁平。花期7～9月。果熟期11月至翌年2月。

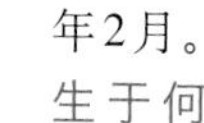

生于何方：原产巴西；在中国栽培，有时归化为野生种，见于河北、陕西、四川、云南、广西、广东、湖南、江西诸省。在四川、云南、广东、广西尤多见于田边、路旁、丛林中或水沟边，海拔1350～2800米地区常见，600米地区也有分布。

A 珊瑚樱可以吃吗？

珊瑚樱果实晶莹剔透，但本品全株有毒，叶比果毒性更大，中毒症状为头晕、恶心、嗜睡、剧烈腹痛、瞳孔散大。入药有活血散瘀、消肿止痛功效，能治腰肌劳损等症。

B 珊瑚樱所含毛叶冬珊瑚碱有何作用？

果、叶、根、茎所含之毛叶冬珊瑚碱对心肌有直接作用，阻碍心节律点的冲动形成，因而使心跳变慢，并延缓传导。高浓度毛叶冬珊瑚碱使心功能失调，产生窦性心律不齐、房性期外收缩及窦性或房室阻断，心肌衰弱等。以静脉注射于兔的最小致死量作指标，其毒性与盐酸可卡因相似，弱于烟碱而强于阿托品。人的耐受量为0.06 ~ 0.084克。有刺激性，口服能催吐，皮下注射有显著的局部刺激性。

C 这种植物能在家种植吗？

珊瑚樱的最大优点就是观果期长，浆果在枝上宿存很久不落。常常是老果未落，新果又生，终年累月，长期观赏。尤其在寒冷的严冬，居室里摆置一盆红艳满树的珊瑚樱，会使您的生活显得一派欢乐和生机勃勃。

叶披针形 石榴

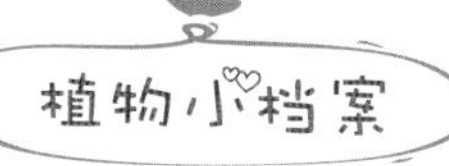

植物“名牌”：石榴（别名安石榴、山力叶），石榴科石榴属。

一眼认识你：落叶乔木或灌木。单叶，通常对生或簇生，无托叶。花顶生或近顶生，单生或几朵簇生或组成聚伞花序，近钟形，裂片5～9，花瓣5～9，多皱褶，覆瓦状排列；胚珠多数。浆果球形，顶端有宿存花萼裂片，果皮厚；种子多数，浆果近球形。果熟期9～10月。

生于何方：原产巴尔干半岛至伊朗及其邻近地区，全世界的温带和热带地区都有种植。中国三江流域也分布有大量野生古老石榴群落。

植物情报局

A 吃石榴有什么益处?

石榴是一种浆果，其营养丰富。石榴成熟后，全身都可用，果皮可入药，果实可食用或榨汁。对老年人的身体健康有很高营养价值，所以老人应该常吃石榴。研究发现，石榴含大量的有机酸、糖类、蛋白质、脂肪、维生素以及钙、磷、钾等矿物质。中医认为，石榴具清热、解毒、平肝、补血、活血和止泻功效，适合黄疸性肝炎、哮喘和久泻的患者及经期过长的女性。

B 石榴花可以做菜吗?

石榴花用热水焯过后去除涩味可以做菜。

C 石榴为何又名“安石榴”?

石榴原产波斯（今伊朗）一带，公元前2世纪时传入中国。“何年安石国，万里贡榴花。迢递河源边，因依汉使搓。”据晋·张华《博物志》载：“汉张骞出使西域，得涂林安石国榴种以归，故名安石榴。”

D 石榴的花语是什么?

石榴的花语为成熟的美丽。中国人视石榴为吉祥物，以为它是多子多福的象征。石榴树是富贵、吉祥、繁荣的象征。在西班牙，不论高原山地，市镇乡村，房前屋后，还是滨海公园，到处都可见石榴树。

叶披针形

石竹

植物“名牌”：*石竹，石竹科石竹属。*

一眼认识你：多年生草本，高30～50厘米，全株无毛，带粉绿色。茎由根颈生出，疏丛生，直立，上部分枝。叶片线状披针形，长3～5厘米，宽2～4毫米，顶端渐尖，基部稍狭，全缘或有细小齿，中脉较显。花单生枝端或数花集成聚伞花序；花瓣长15～18毫米，瓣片倒卵状三角形，长13～15毫米，紫红色、粉红色、鲜红色或白色；顶缘不整齐齿裂，喉部有斑纹，疏生髯毛；雄蕊露出喉部外，花药蓝色；子房长圆形，花柱线形。蒴果圆筒形，包于宿存萼内，顶端4裂；种子黑色，扁圆形。花期5～6月，果期7～9月。

生于何方：原产中国北方，现南北方普遍生长。俄罗斯西伯利亚和朝鲜也有分布。

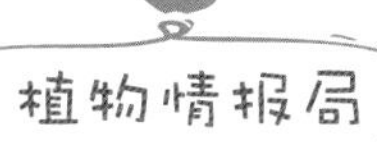

植物情报局

A 石竹有何药用价值？

根和全草入药，有清热利尿、破血通经、散瘀消肿的功效。

近似种：常夏石竹

B 这种植物在园林绿化中有什么应用价值？

石竹株型低矮，茎秆似竹，叶丛青翠，自然花期5～9月，从暮春季节可开至仲秋，温室盆栽可以花开四季。花顶生枝端，单生或成对，也有呈圆锥状聚伞花序；花径不大，仅2～3厘米，但花朵繁茂，此起彼伏，观赏期较长。花色有白、粉、红、粉红、大红、紫、淡紫、黄、蓝等，五彩缤纷，变化万端。园林中可用于花坛、花境、花台或盆栽，也可用于岩石园和草坪边缘点缀。大面积成片栽植时可作景观地被材料，另外石竹有吸收二氧化硫和氯气的功能，凡有毒气的地方可以多种。切花观赏亦佳。

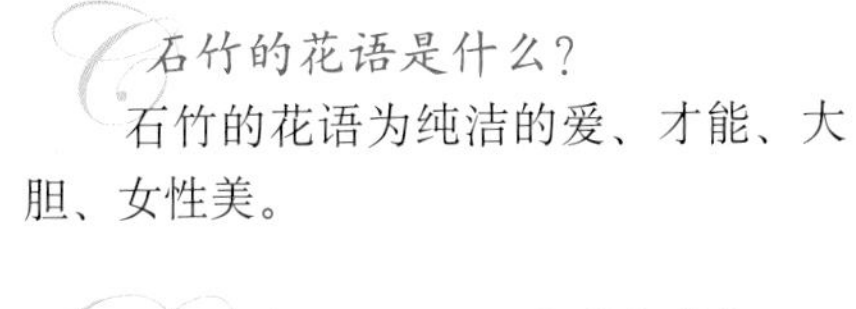

C 石竹的花语是什么？

石竹的花语为纯洁的爱、才能、大胆、女性美。

D 石竹有哪些出名的“亲戚”？

石竹科不乏观赏植物，除石竹外，须苞石竹和香石竹都是著名的观赏植物，特别是香石竹鲜切花用量较大。

叶披针形

须苞石竹

植物小档案

植物“名牌”：须苞石竹（别名美国石竹、五彩石竹），石竹科石竹属。

一眼认识你：多年生草本，高30 ~ 60厘米，全株无毛。茎直立，有棱。叶片披针形，长4 ~ 8厘米，宽约1厘米，顶端急尖，基部渐狭，合生成鞘，全缘，中脉明显。花多数，集成头状，有数枚叶状总苞片；花梗极短；苞片4，卵形，顶端尾状尖，边缘膜质，具细齿，与花萼等长或稍长；花萼筒状，长约1.5厘米，裂齿锐尖；花瓣具长爪，瓣片卵形，通常红紫色，有白点斑纹，顶端齿裂，喉部具髯毛；雄蕊稍露于外；子房长圆形，花柱线形。蒴果卵状长圆形，长约1.8厘米，顶端4裂至中部；种子褐色，扁卵形，平滑。花果期5 ~ 10月。

生于何方：原产欧洲。我国各地栽培供观赏。

须苞石竹和石竹有何区别？

须苞石竹的叶片为披针形，顶端为急尖，基部逐渐变狭，合生成鞘，边缘全缘；石竹叶片形状为线状披针形，相对须苞石竹要更狭小些，顶端渐尖，基部稍微变狭，全缘或是有细小的齿。须苞石竹的花数量多，集成头状花序，有数枚叶状的总苞片，苞片为卵形，花瓣有长爪，瓣片为卵形，通常为红紫色且有白色的斑纹；石竹花单生于枝的顶端或者是数朵集成聚伞花序，苞片4，呈卵形，花瓣片为倒卵状三角形，色彩多样，为紫红色，鲜红色，粉红色或者是白色。

须苞石竹如何繁殖?

须苞石竹常用播种、分株、扦插法繁殖。种子发芽最适温度为21～22℃。播种繁殖一般在9月进行。播种于露地苗床，播后保持盆土湿润，播后5天即可出芽，10天左右即出苗，苗期生长适温10～20℃。当苗长出4～5片叶时可移植，翌春开花。也可于9月露地直播或11 12月冷室盆播，翌年4月定植于露地。扦插繁殖在10月至翌年3月进行，枝叶茂盛期剪取嫩枝5～6厘米长作插条，插后15～20天生根。分株繁殖多在花后利用老株分株，可在秋季或早春进行。例如可于4月分株，夏季注意排水，9月份以后加强肥水管理，于10月初再次开花。

须苞石竹为什么又叫美国石竹?

须苞石竹又称十样锦，是石竹科石竹属耐寒类的一种，原产欧洲及亚洲；美国盛行栽培，由美国传入我国，故有“美国石竹”之误称。

叶披针形

萱草

植物“名牌”：萱草（别名黄花菜、鹿葱），百合科萱草属。

一眼认识你：多年生草本，根状茎粗短，具肉质纤维根，多数膨大呈窄长纺锤形。叶基生成丛，条状披针形，长30～60厘米，宽约2.5厘米，背面被白粉。夏季开橘黄色大花，花葶长于叶，高达1米以上；圆锥花序顶生，有花6～12朵，花梗长约1厘米，有小的披针形苞片；花长7～12厘米，花被基部粗短漏斗状，长达2.5厘米，花被6片，开展，向外反卷，外轮3片，宽1～2厘米，内轮3片宽达2.5厘米，边缘稍作波状；雄蕊6，花丝长，着生花被喉部；子房上位，花柱细长。花果期为5～7月。

生于何方：原产于中国、日本、西伯利亚、东南亚等国家及地区。

近似种：西南萱草

A 萱草可以吃吗？

不能吃。切勿从花坛中采萱草来吃，以免中毒。有一种干制后可食用的黄花菜花朵比较瘦长，花瓣较窄，花色嫩黄。观赏用萱草的花则接近一些漏斗状百合，花色一般呈橘黄色，有的甚至接近红色。橘黄、橘红色的萱草含大量秋水仙碱，哪怕在热水里烫了又烫，也不能食用，如果不小心吃了，会刺激肠胃和呼吸系统，还会产生口干、腹泻、头晕等症状。

B 这种植物在园林绿化中有什么应用价值？

花色鲜艳，栽培容易，且春季萌发早，绿叶成丛极为美观。园林中多丛植或于花境、路旁栽植。萱草类耐半阴，又可做疏林地被植物。

C 萱草为何能检测氟污染？

萱草对氟十分敏感，当空气受到氟污染时，萱草叶子的尖端就变成红褐色，所以常作为监测环境是否受到氟污染的指针植物。

D 萱草的花语是什么？

遗忘的爱，萱草又名忘忧草，代表“忘却一切不愉快的事”。

叶披针形

剪春罗

植物小档案

植物“名牌”：剪春罗（别名剪金花、雄黄花），石竹科剪秋罗属。

一眼认识你：多年生草本，高50～90厘米，全株近无毛。根簇生，细圆柱形，黄白色，稍肉质。茎单生，稀疏丛生，直立。叶片椭圆状倒披针形或卵状倒披针形，长5～15厘米，宽1～5厘米，基部楔形，顶端渐尖，两面近无毛，边缘具缘毛。二歧聚伞花序通常具数花；花直径4～5厘米，花梗极短，被稀疏短柔毛；苞片披针形，草质，具缘毛；花萼筒状，长25～35毫米，直径3.5～5毫米，纵脉明显，无毛，萼齿披针形，长8～10毫米，顶端渐尖，边缘具缘毛；雌雄蕊柄长10～15毫米；花瓣橙红色，爪不露出花萼，狭楔形，无缘毛，瓣片轮廓倒卵形，长15～25毫米，顶端具不整齐缺刻状齿；副花冠片椭圆状；雄蕊不外露，花丝无毛。蒴果长椭圆形，长约20毫米；种子未见。花期6～7月，果期8～9月。

生于何方：产于中国江苏、浙江、江西和四川（峨眉山），其他省区亦有栽培。生于疏林下或灌木丛草地。

A 剪春罗有何习性？

剪春罗为中性植物，耐阴，耐寒，喜湿润环境，宜生长于较荫蔽处和疏松、排水良好的土壤上。

B 在园林绿化中如何应用？

生长在阴湿的树荫下而开出鲜艳花朵的植物为数不多，而剪春罗却可以成片栽植在林下或林缘，并且花美色艳，适应性强，管理简便，是一种理想的耐阴观花地被植物，也可布置花坛花境，点缀岩石园和作切花。

C 剪春罗有何药用价值？

剪春罗的全草和根都可入药，其全草味甘性寒无毒，可治缠腰火带疮、风寒感冒，其根可治关节不利、腹泻。

叶披针形

瞿麦

植物小档案

植物“名牌”：瞿麦（别名野麦、石柱花），石竹科石竹属。

一眼认识你：多年生草本，高50～60厘米，有时更高。茎丛生，直立，绿色，无毛，上部分枝。叶片线状披针形，顶端锐尖，中脉特显，基部合生成鞘状，绿色，有时带粉绿色。包于萼筒内，瓣片宽倒卵形，边缘缝裂至中部或中部以上，通常淡红色或带紫色，稀白色，喉部具丝毛状鳞片；雄蕊和花柱微外露。蒴果圆筒形，与宿存萼等长或微长，顶端4裂；种子扁卵圆形，长约2毫米，黑色，有光泽。花期6～9月，果期8～10月。

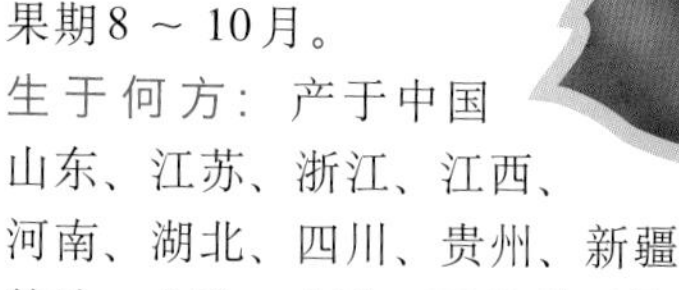

生于何方：产于中国山东、江苏、浙江、江西、河南、湖北、四川、贵州、新疆等地。北欧、中欧、西伯利亚等地区及哈萨克斯坦、蒙古（西部和北部）、朝鲜、日本等国家也有分布。

A 瞿麦有何功效？

有利尿通淋，活血通经的功效。

B 瞿麦在园林绿化中如何应用？

叶丛青翠，花形奇特，花色淡雅，姿态轻盈，株型矮小，花期自夏至秋，可布置花坛、花境或岩石园，也可盆栽或作切花。

C 瞿麦的花语是什么？

一直爱我、野心。

D 瞿麦和石竹的区别？

石竹花瓣顶端齿裂，瞿麦花瓣顶端呈流苏状。

叶披针形

百子莲

植物小档案

植物“名牌”：百子莲（别名紫君子兰、非洲百合），石蒜科百子莲属。

一眼认识你：宿根草本。叶线状披针形，近革质；花茎直立，高可达60厘米；伞形花序，有花10～50朵，花漏斗状，深蓝色或白色，花药最初为黄色，后变成黑色。花期7～8月。

生于何方：原产南非，中国各地多有栽培。

A 这种植物在园林绿化中有什么应用价值？

百子莲叶色浓绿，光亮，花蓝紫色，也有白色、紫花、大花和斑叶等品种。7 ~ 8月开花，花形秀丽，适于盆栽作室内观赏，在南方置半阴处栽培，作岩石园和花境的点缀植物。

B 百子莲和朱顶红如何区别？

朱顶红别名有百子莲，所以经常被混淆。但百子莲是百子莲属，朱顶红是孤挺花属，且从花朵颜色上非常好区分。百子莲花朵有白色粉色紫色等，而朱顶红顾名思义大多是红色的。

C 百子莲有何寓意？

在春夏相交之际，充满着神秘和浪漫色彩的爱情之花——百子莲，在充分享受雨水的滋润下，逐步抽苞吐信，传递爱的讯息。

D 百子莲如何繁殖？

常用分株和播种繁殖。分株，在春季3 ~ 4月结合换盆进行，将过密老株分开，每盆以2 ~ 3丛为宜。分株后翌年开花，如秋季花后分株，翌年也可开花。播种，播后15天左右发芽，小苗生长慢，需栽培4 ~ 5年才开花。

植物“名牌”：雏菊（别名春菊、延命菊），菊科雏菊属。

一眼认识你：多年生或一年生葶状草本，高10厘米左右。叶基生，草质，匙形，顶端圆钝，基部渐狭成柄，上半部边缘有疏钝齿或波状齿。头状花序单生，直径2.5～3.5厘米，花葶被毛；总苞半球形或宽钟形；总苞片近2层，稍不等长，长椭圆形，顶端钝，外面被柔毛。舌状花一层，雌性，舌片白色带粉红色，开展，全缘或有2～3齿，中央有多数两性花，都结果实，筒状，檐部长，有4～5裂片。瘦果扁，有边脉，两面无脉或有1脉。冠毛不存在或有连合成环且与花冠筒部或瘦果合生。开花期在春季。

生于何方：原产欧洲，中国各地庭园栽培作为花坛观赏植物。

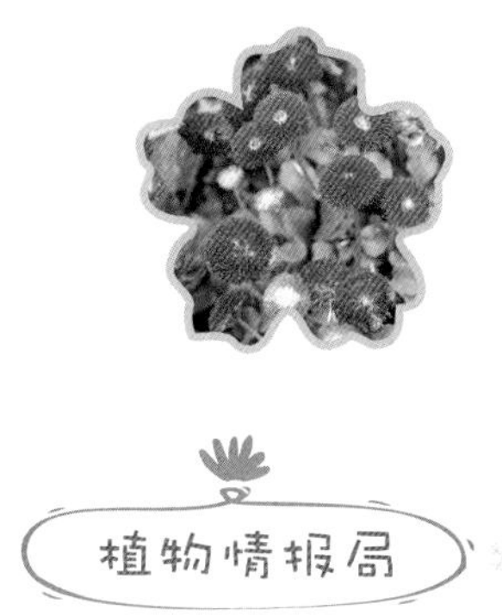

植物情报局

A 这种植物名称的由来？

它的中文名叫雏菊是因为它和菊花很像，是线条花瓣，区别在于菊花花瓣纤长而且卷曲油亮，雏菊花瓣则短小笔直，就像是未成形的菊花，故名雏菊。

B 这种植物在园林绿化中有什么应用价值？

雏菊花朵娇小玲珑，色彩和谐。早春开花，生机盎然，具有君子的风度和天真烂漫的风采，花梗高矮适中，花朵整齐，色彩明媚素净，可做盆植美化庭院阳台，也可用作园林观赏，盆栽、花境、切花等。花期长，耐寒能力强，是早春地被花卉的首选。作为街头绿地的地被花卉，具有较强的魅力，可与金盏菊、三色堇、杜鹃、紫叶小檗等配植。

C 雏菊是哪个国家的国花？

意大利人十分喜爱清丽姣娆的雏菊，认为它具有君子的风度和天真烂漫的风采，因此将雏菊定为国花。

D 雏菊的花语是什么？

雏菊的花语是天真、和平、希望、纯洁的美以及深藏在心底的爱。

叶匙形 雀舌黄杨

植物“名牌”：雀舌黄杨（别名匙叶黄杨），黄杨科黄杨属。

一眼认识你：常绿灌木，高3～4米。枝圆柱形，小枝四棱形，被短柔毛，后变无毛。叶薄革质，通常匙形，亦有狭卵形或倒卵形，叶面绿色，光亮，叶背苍灰色，中脉两面凸出，侧脉极多，在两面或仅叶面显著。花序腋生，头状，长5～6毫米，花密集；苞片卵形，背面无毛，或有短柔毛；雄花：约10朵。蒴果卵形，长5毫米，宿存花柱直立，长3～4毫米。花期2月，果期5～8月。

生于何方：产于中国云南、四川、贵州、广西、广东、江西、浙江、湖北、河南、甘肃、陕西（南部）等地。

植物情报局

A 雀舌黄杨有何功效?

鲜叶、茎、根苦、甘、凉，有清热解毒，化痰止咳，祛风，止血等功效。

B 这种植物在园林绿化中有什么应用价值?

雀舌黄杨枝叶繁茂，叶形别致，四季常青，常用于绿篱、花坛和盆栽，修剪成各种形状，是点缀小庭院和入口处的好材料。

C 黄杨盆景为何被称为盆景树种上品?

黄杨盆景，由于其生长缓慢，一年四季蓊郁青翠、茂盛结实，在众多树种的盆景中，尽管无高档花草那样奢华、张扬之势，却以稳健厚重风格与阳刚秉性征服观赏者，让广大盆景爱好者青睐有加，奉为盆景树种中的上品。

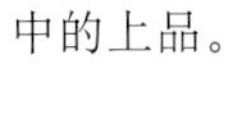

叶特殊形态

鹅掌楸

植物“名牌”：鹅掌楸（别名马褂木），木兰科鹅掌楸属。

一眼认识你：高达40米。叶马褂状。花绿色杯状，花被片9。聚合果由具翅的小坚果组成。花期5月，果期9～10月。

生于何方：分布于中国陕西、安徽、浙江、江西、福建、湖北、湖南、广西、四川、贵州、云南等地。生于海拔900～1000米的山地林中。越南北部也有分布。

植物情报局

什么地方能看到这种植物？

鹅掌楸树干挺直，树冠伞形，叶形奇特古雅，秋叶亮丽，花颜色少见，美而不艳，是城市中极佳的行道、庭荫树种，无论丛植、列植或片植于草坪、公园入口处，均有独特的景观效果；对有害气体的抵抗性较强，也是工矿区绿化的优良树种之一。

B 这种植物的最佳观赏地是哪里？

我国从南到北广泛栽培，昆明植物园有大树群植，秋色壮观。

C 这种植物除了鹅掌楸，还有哪些形象的称呼？

鹅掌楸叶片形似马褂，故又叫马褂木；花绿色，基部有黄色条纹，形似郁金香，它的英文名称是“Chinese Tulip Tree”，所以又称“中国的郁金香树”。为国家二级保护植物，也是世界五大行道树之一。

D 鹅掌楸有哪些“亲戚”？

同银杏一样，它也是孑遗植物，在日本、丹麦的格陵兰岛、意大利和法国的白垩纪地层中均发现化石，同属种类曾广布于北半球温带地区，到第四纪冰期才大部分绝灭。除鹅掌楸外，它还有个远在北美的亲戚——北美鹅掌楸（与之区别是叶两侧各多一个裂片，花黄绿色），成为东亚与北美洲际间断分布的典型实例，对古植物学系统研究有重要科研价值。另外，园林上还有一种杂交鹅掌楸，是鹅掌楸和北美鹅掌楸的杂交种。

E 什么是鹅掌楸的孤生殖现象？

鹅掌楸是异花授粉种类，但有孤生殖现象，即在未授精的情况下，雌蕊还能继续发育。

叶特殊形态
银杏

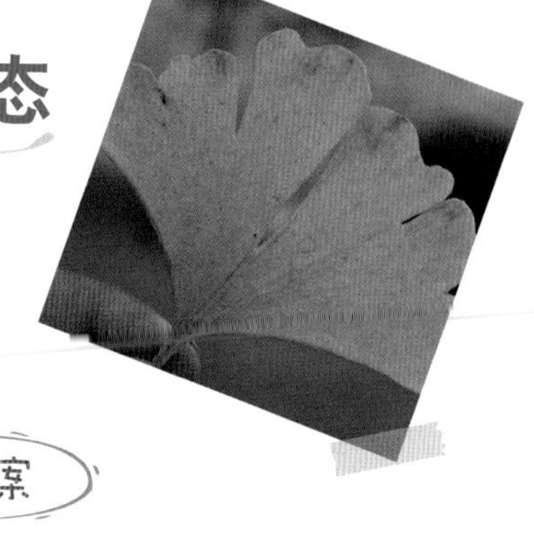

植物小档案

植物“名牌”：银杏（别名白果树、公孙树），银杏科银杏属。

一眼认识你：落叶大乔木，胸径可达4米。幼树树皮近平滑，浅灰色，大树之皮灰褐色，不规则纵裂，粗糙，有长枝与生长缓慢的距状短枝。幼年及壮年树冠圆锥形，老则广卵形；枝近轮生，斜上伸展（雌株的大枝常较雄株开展）。叶互生，在长枝上辐射状散生，有细长的叶柄，扇形，两面淡绿色，无毛。在长枝上散生，在短枝上簇生。它的叶脉形式为“二歧状分叉叶脉”。在长枝上常2裂，基部宽楔形。球花雌雄异株，单性，生于短枝顶端的鳞片状叶的腋内，呈簇生状。花期4月，果期10月。

生于何方：银杏最早出现于3.45亿年前的石炭纪。曾广泛分布于北半球的欧、亚、美洲，中生代侏罗纪银杏曾广泛分布于北半球，白垩纪晚期开始衰退。至50万年前，在欧洲、北美和亚洲绝大部分地区灭绝，只有中国的保存下来，

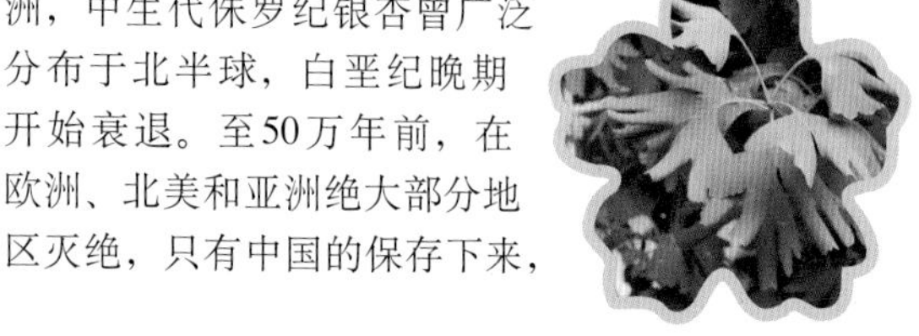

仅浙江天目山有野生状态的树木。各地栽培的银杏有数百年或千年以上的老树，朝鲜、日本及欧洲、美洲各国庭园均有栽培。

A 银杏为何又叫公孙树?

银杏树的果实俗称白果，因此银杏又名白果树。银杏树生长较慢，寿命极长，自然条件下从栽种到结银杏果要二十多年，四十年后才能大量结果，因此又有人把它称作“公孙树”，有“公种而孙得食”的含义，是树中的老寿星，具有观赏、经济、药用等价值。

B 银杏果为何不能多吃?

银杏含有微毒物质氢氰酸、白果酸、氢化白果酸、氢化白果亚酸、白果酚、白果醇。所以食用时应注意白果的食用方式。如果煮熟食用，可以使白果酸和白果二酸分解，氢氰酸沸点低易挥发而去除，因此熟白果的毒性较小。为了预防银杏中毒，熟食、少食是根本方法。医药界认为，生白果应控制在一天10粒左右，过量食用会引起腹痛、发烧、呕吐、抽搐等症状。

C 银杏寿命有多长?

银杏寿命长。据统计，在中国5000年以上的银杏树大约有12棵，其中贵州省就占了9棵。

叶特殊形态

枸骨

植物“名牌”：枸骨（别名鸟不栖、猫儿刺），冬青科冬青属。

一眼认识你：常绿灌木或小乔木，高0.6～3米。叶片厚革质，二型，四角状长圆形或卵形，先端具3枚尖硬刺齿，中央刺齿常反曲，基部圆形或近截形，两侧各具1～2刺齿，有时全缘（此情况常出现在卵形叶），叶面深绿色，具光泽。花序簇生于二年生枝的叶腋内；花淡黄色，4基数。果球形，直径8～10毫米，成熟时鲜红色，基部具四角形宿存花萼，顶端宿存柱头盘状，明显4裂；果梗长8～14毫米。分核4，轮廓倒卵形或椭圆形，长7～8毫米，背部宽约5毫米，遍布皱纹和皱纹状纹孔，背部中央具1纵沟，内果皮骨质。花期4～5月，果期10～12月。

生于何方：产于中国江苏、上海市、安徽、浙江、江西、湖北、湖南等地，欧美一些国家植物园等也有栽培。国外分布于朝鲜。

植物情报局

枸骨为什么在欧美国家又称“圣诞树”？

枸骨果实经冬不凋，艳丽可爱，是优良的观叶、观果树种，在欧美国家常用于圣诞节的装饰，故也称“圣诞树”。

这种植物在园林绿化中有什么应用价值？

枸骨枝叶稠密，叶形奇特，深绿光亮，入秋红果累累，经冬不凋，鲜艳美丽，是良好的观叶、观果树种。宜作基础种植及岩石园材料，也可孤植于花坛中心、对植于前庭、路口，或丛植于草坪边缘。同时又是很好的绿篱（兼有果篱、刺篱的效果）及盆栽材料，选其老桩制作盆景亦饶有风趣。果枝可供瓶插，经久不凋。

枸骨可以制作盆景吗？

枸骨枝繁叶茂，叶浓绿而有光泽，且叶形奇特，秋冬红果满枝，浓艳夺目，是一种优良的观叶观花盆景树种。可取老桩制作盆景，其形态苍古奇特，确有一番风味。取小树，采取剪扎结合的方法也可制成商品盆景。

枸骨有何功效？

叶含皂苷、鞣质、苦味质等，树皮含生物碱等。叶、果实和根都供药用，枝、叶树皮及果是滋补强壮药；其根、枝叶和果入药，根有滋补强壮、活络、清风热、祛风湿之功效。

叶特殊形态
构树

植物小档案

植物“名牌”：构树（别名楮树、谷木），桑科构属。

一眼认识你：落叶乔木，高10～20米。叶螺旋状排列，广卵形至长椭圆状卵形，长6～18厘米，宽5～9厘米，先端渐尖，基部心形，两侧常不相等，边缘具粗锯齿，不分裂或3～5裂，小树之叶常有明显分裂，表面粗糙，疏生糙毛。花雌雄异株；雄花序为柔荑花序，粗壮；雌花序球形头状，苞片棍棒状，顶端被毛，花被管状，顶端与花柱紧贴，子房卵圆形，柱头线形，被毛。聚花果直径1.5～3厘米，成熟时橙红色，肉质；瘦果具与等长的柄，表面有小瘤，龙骨双层，外果皮壳质。花期4～5月，果期6～7月。

生于何方：产于中国南北各地。缅甸、泰国、越南、马来西亚、日本、朝鲜也有野生或栽培。

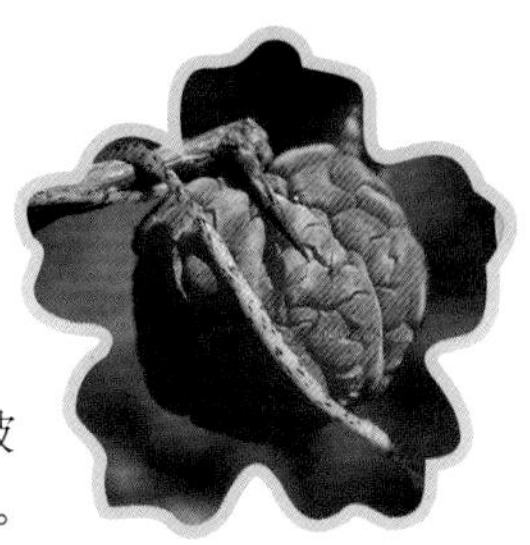

这种植物在园林绿化中有什么应用价值？

构树外貌虽较粗野，但枝叶茂密且有抗性强、生长快、繁殖容易等许多优点，也是城乡绿化的重要树种，尤其适合用作工矿区及荒山坡地绿化，亦可选作庭荫树及防护林用。

构树果可以吃吗？

构树果可食，在秋季果实成熟时采食，构树果酸甜，但需除去灰白色膜状宿萼及杂质。

构树叶为什么有多种形态？

构树叶有不分裂或3～5裂之分，也就是常说的异型叶。缺刻程度同一植株上也不同。有人观察，在构树年幼时期边缘完整的叶片居多，而随着树木的成长缺刻叶片越来越多。而且构树叶片的缺刻程度还与生活环境有关，越阴暗越潮湿的地方长出的构树叶片越完整反之缺刻越多。同时，构树叶片缺刻越发达，表面覆盖的茸毛越密而长，因此一般认为，构树叶片的缺刻和茸毛是为了减少蒸发量，以抵御干旱和过强的光照。

叶特殊形态

榛

植物小档案

近似种：刺榛

植物“名牌”：榛（别名榛子），桦木科榛属。

一眼认识你：落叶灌木或小乔木，高1～7米。叶的轮廓为矩圆形或宽倒卵形，长4～13厘米，宽2.5～10厘米，顶端凹缺或截形，中央具三角状突尖，基部心形，有时两侧不相等，边缘具不规则的重锯齿，中部以上具浅裂。雄花序单生，长约4厘米。果单生或2～6枚簇生成头状；果苞钟状，外面具细条棱，密被短柔毛兼有疏生的长柔毛，密生刺状腺体，很少无腺体，较果长但不超过1倍，很少较果短，上部浅裂，裂片三角形，边缘全缘，很少具疏锯齿；序梗长约1.5厘米，密被短柔毛。坚果近球形，长7～15毫米，无毛或仅顶端疏被长柔毛。

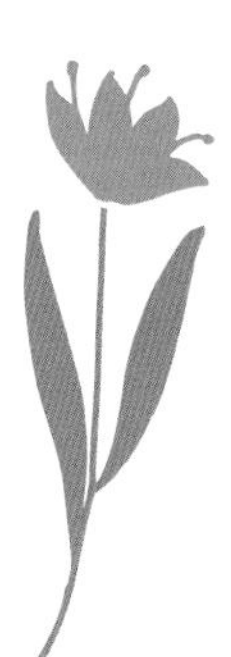

生于何方：产于中国黑龙江、吉林、辽宁、河北、山西、陕西等，江苏有栽培。国外分布于土耳其、意大利、西班牙、美国、朝鲜、日本、俄罗斯东西伯利亚和远东地区、蒙古东部等国家及地区。

植物情报局

A 世界四大干果有哪些？

世界上四大干果为核桃、扁桃、榛子、腰果。

B 榛有何功效？

根皮、嫩枝：苦，平。具清热凉血、消肿止痛、镇咳止泻等功效。

C 榛的花语是什么？

花语为和解。传说亚当和夏娃被赶出伊甸园时，神可怜他们两人，说如果可以创造新生命的话，将赐予榛杖。这象征了神和人之间的和解。

近似种：滇榛

叶特殊形态

一品红

植物小档案

植物“名牌”：一品红（别名圣诞红、猩猩木），大戟科大戟属。

一眼认识你：灌木。根圆柱状，极多分枝。茎直立，高1～3米，直径1～4 厘米，无毛。叶互生，卵状椭圆形、长椭圆形或披针形，绿色，边缘全缘或浅裂或波状浅裂，叶面被短柔毛或无毛，叶背被柔毛；苞叶5～7枚，狭椭圆形，长3～7厘米，宽1～2厘米，通常全缘，极少边缘浅波状分裂，朱红色。花序数个聚伞排列于枝顶；总苞坛状，淡绿色，边缘齿状5裂，裂片三角形，无毛。蒴果，三棱状圆形，平滑无毛。种子卵状，灰色或淡灰色，近平滑；无种阜。花果期10月至翌年4月。

生于何方：原产中美洲，广泛栽培于热带和亚热带地区。中国绝大部分省区市均有栽培，常见于公园、植物园及温室中，供观赏。

一品红为什么观赏期长？

一品红观赏期长主要是因为一品红的观赏部位其实并不是花，而是红色的苞片。

这种植物在园林绿化中有什么应用价值？

一品红花色鲜艳，花期长，正值圣诞、元旦、春节开花，盆栽布置室内环境可增加喜庆气氛，也适宜布置会议等公共场所。南方暖地可露地栽培，美化庭园，也可作切花。

一品红的花语是什么？

一品红花语为我的心正在燃烧。一品红是代表圣诞节的最佳花朵。在一些婚礼中，也可以看到红白两色一品红。

叶条形

白扦

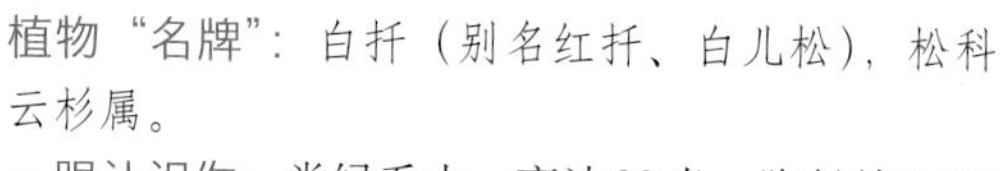

植物“名牌”：白扦（别名红扦、白儿松），松科云杉属。

一眼认识你：常绿乔木，高达30米。胸径约60厘米，树皮灰褐色，裂成不规则的薄块片脱落，大枝近平展，树冠塔形。主枝之叶常辐射伸展，侧枝上面之叶伸展，两侧及下面之叶向上弯伸，四棱状条形，微弯曲，长1.3～3毫米。宽约2毫米，先端钝尖或钝，横切面四棱形，四面有白色气孔线，上面6～7条，下面4～5条。球果成熟前绿色，熟时褐黄色，矩圆状圆柱形，长6～9厘米，径2.5～3.5厘米；中部种鳞倒卵形，长约1.6厘米，宽约1.2厘米，先端圆或钝三角形，下部宽楔形或微圆，鳞背露出部分有条纹；种子倒卵圆形，长约3.5毫米，种翅淡褐色，倒宽披针形，连种子长约1.3厘米。花期4月，球果9月下旬至10月上旬成熟。

生于何方：为中国特有树种，产于山西（五台山区、管涔山区、关帝山）、河北（小五台山区、雾灵山区）、内蒙古西乌珠穆沁旗等地。北京、河北北戴河、辽宁兴城、河南安阳等地有栽培。

植物情报局

A 白扦有哪些经济价值？

白扦为华北地区高山上部主要的乔木树种之一。木材黄白色、材质较轻软，纹理直，结构细，比重0.46。可供建筑、电杆、桥梁、家具及木纤维工业原料用材。宜作华北地区高山上部的造林树种。亦可栽培作庭园树，北京庭园多有栽培，生长很慢。

B 白扦生长在什么样的环境下？

生长在海拔1600～2700米、气温较低、雨量及湿度较平原高、土壤为灰色棕色森林土或棕色森林地带，常组成以白扦为主的针叶树阔叶树混交林，常见的伴生树种有青扦、华北落叶松、臭冷杉、黑桦、红桦、白桦及山杨等。

C 白扦和青扦如何区别？

白扦整体成灰绿色，青扦呈绿色；白扦树皮为灰褐色，青扦为灰色或深灰色；白扦树皮脱落为不规则状，青扦树皮脱落为鳞状；白扦有树脂，青扦没有树脂；果子成熟期白扦早于青扦。

叶条形
粗榧

植物小档案

植物"名牌"：粗榧（别名中华粗榧杉、中国粗榧），三尖杉科三尖杉属。

一眼认识你：灌木或小乔木，高达15米，少为大乔木。树皮灰色或灰褐色，裂成薄片状脱落。叶条形，排列成两列，通常直，稀微弯，长2～5厘米，宽约3毫米，基部近圆形，几无柄，上部通常与中下部等宽或微窄，先端通常渐尖或微凸尖，稀凸尖，上面深绿色，中脉明显，下面有2条白色气孔带，较绿色边带宽2～4倍。雄球花6～7聚生成头状，径约6毫米，总梗长约3毫米，基部及总梗上有多数苞片，雄球花卵圆形，基部有1枚苞片，雄蕊4～11枚，花丝短，花药2～4（多为3）个。种子通常2～5个着生于轴上，卵圆形、椭圆状卵形或近球形，很少成倒卵状椭圆形，长1.8～2.5厘米，顶端中央有一小尖头。花期3～4月，果期8～10月。

生于何方：为中国特有树种，分布很广，产于江苏南部、浙江、安徽南部、福建、江西、河南、湖南、湖北、陕西南部、甘肃南部、四川、云南东南部、贵州东北部、广西、广东西南部等地，多数生于海拔600～2200米的花岗岩、砂岩及石灰岩山地。

A 这种植物在园林绿化中有什么应用价值？

粗榧是常绿针叶树种，树冠整齐，针叶粗硬，有较高的观赏价值。在园林中粗榧通常多与其他树配植，作基础种植、孤植、丛植、林植等。粗榧有很强的耐阴性，也可植于草坪边缘或大乔木下作林下栽植材料；萌芽性强，耐修剪，利用幼树进行修剪造型，作盆栽或孤植造景，老树可制作成盆景观赏；叶粗硬，排列整齐，宜作鲜切花叶材用。此外，粗榧对烟害的抗性较强，适合用于工矿区绿化。

B 这种植物有何功效？

从粗榧枝叶中分离出的某些有效成分能祛风除湿，主风湿痹痛；驱虫，消积，用于蛔虫病、钩虫病、食积。

C 三尖杉和粗榧如何区别？

三尖杉树皮褐色或红褐色，枝条较细长，稍下垂，树冠广圆形，叶长4～13（多为5～10）厘米，上部渐窄，先端有渐尖的长尖头；粗榧树皮灰色或灰褐色，枝条一般不下垂，叶长2～5厘米，上部通常与中下部等宽或微窄，先端通常渐尖或微凸尖，稀凸尖。

叶条形
凤尾丝兰

植物小档案

植物“名牌”：凤尾丝兰（别名丝兰、菠萝花），龙舌兰科丝兰属。

一眼认识你：多年生木本。常绿、茎短，有时可高达1米；叶剑形、坚硬，密生成莲座状，长40～60厘米，中部宽约4～6厘米，有稀疏的丝状纤维，微灰绿色，顶端为坚硬的刺，呈暗红色。花葶高1～2米，大型圆锥花序，有花多朵；花白色至乳黄色，顶端常带紫红色，下垂，钟形，花被6片，卵状菱形。花期7～9月。

生于何方：分布于北美东部，世界各地多有引种。

A 凤尾丝兰是哪个国家的国花？

其巨大的花序十分引人注目，很受人们喜爱，是萨尔瓦多的国花。

B 这种植物在园林绿化中有什么应用价值？

凤尾兰常年浓绿，数株成丛，高低不一，开花时花茎高耸挺立，繁多的白花下垂，姿态优美，可布置在花坛中心、池畔、台坡和建筑物附近。由于其叶片尖部为硬刺，易伤人，不宜在家庭中种植。

C 凤尾丝兰是剑麻吗？

日常中，很多人称丝兰和凤尾丝兰为剑麻，实际上剑麻是另外一种经济植物，主要是利用其纤维。剑麻属于龙舌兰属，凤尾丝兰属丝兰属。剑麻在长江以北地区是不可能露地越冬，正常生长，凤尾兰则可以在黄河以北大部分地区正常露地越冬。凤尾兰最高的高度（开花时连同花茎高）只有1米左右，剑麻株型高大，高度一般有4～7米。

叶条形

华北落叶松

植物“名牌”：华北落叶松（别名落叶松、雾灵落叶松），松科落叶松属。

一眼认识你：落叶乔木，高达30米。胸径1米。树皮暗灰褐色，不规则纵裂，成小块片脱落；枝平展，具不规则细齿；苞鳞暗紫色，近带状矩圆形，长0.8～1.2厘米，基部宽，中上部微窄，先端圆截形，中肋延长成尾状尖头，仅球果基部苞鳞的先端露出；种子斜倒卵状椭圆形，灰白色，具不规则的褐色斑纹，长3～4毫米，径约2毫米，种翅上部三角状，中部宽约4毫米，种子连翅长1～1.2厘米；子叶5～7枚，针形，长约1厘米，下面无气孔线。花期4～5月，球果10月成熟。

生于何方：中国特产，为华北地区高山针叶林带中的主要森林树种。分布于河北围场、承德、雾灵山海拔1400～1800米，东灵山、西灵山、百花山、小五台山、太行山（易县、涞源）海拔1900～2500米及山西五台山、芦芽山、管涔山、关帝山、恒山等高山上部海拔1800～2800米地带。常与白扦、青扦、棘皮桦、白桦、红桦、山杨及山柳等针阔叶树种混生，或成小面积单纯林。

植物情报局

这种植物在园林绿化中有什么应用价值？

华北落叶松树形高大雄伟，株形俏丽挺拔，叶簇状如金钱，尤其秋霜过后，树叶全变为金黄色，可与南方金钱松相媲美，雌球花在授粉时呈现出鲜艳的红色、紫红色或红绿色，鲜艳的颜色一直可以保持到球果成熟前，因此具有非常高的园林观赏价值。华北落叶松不但树姿优美，而且季相变化丰富，在风景林的设计中，可与一些常绿针叶树，如油松等，和落叶的秋色叶树成片配植，秋季时可以展现出美丽的宜人风景。也可在公园里孤植或与其他常绿针、阔叶树配植，以供游人观赏。在大力提倡生态城市建设和增加园林中生物多样性的今天，华北落叶松正逐步从高山走向平原，向人们展示它的迷人风采。

这种植物有何经济价值？

木材淡黄色或淡褐色，材质坚韧，结构致密，纹理直，含树脂，耐久用。可供建筑、桥梁、电杆、舟车、器具、家具、木纤维工业原料等用。树干可割取树脂，树皮可提取栲胶。华北落叶松生长快，材质优良，用途大，对不良气候的抵抗力较强，并有保土、防风的效能，可作分布区内以及黄河流域高山地区及辽河上游高山地区的森林更新和荒山造林树种。

何谓华北落叶松的长短枝？

华北落叶松的枝条有长枝和短枝两种，在长枝上叶为螺旋状排列，在短枝上则密集簇生。

叶条形
阔叶山麦冬

植物“名牌”：阔叶山麦冬（别名阔叶麦冬），百合科山麦冬属。

一眼认识你：根细长，分枝多，有时局部膨大成纺锤形的小块根，小块根长达3.5厘米，宽约7～8毫米，肉质；根状茎短，木质。叶密集成丛，革质，长25～65厘米，宽1～3.5厘米，先端急尖或钝，基部渐狭，具9～11条脉，有明显的横脉，边缘几不粗糙。花葶通常长于叶，长45～100厘米；总状花序长12～40厘米，具许多花；花3～8朵簇生于苞片腋内；苞片小，近刚毛状，长3～4毫米，有时不明显；小苞片卵形，干膜质；花梗长4～5毫米，关节位于中部或中部偏上；花被片矩圆状披针形或近矩圆形，长约3.5毫米，先端钝，紫色或红紫色；花丝长约1.5毫米；花药近矩圆状披针形，长1.5～2毫米；子房近球形，花柱长约2毫米，柱头三齿裂。种子球形，直径6～7毫米，初期绿色，成熟时变黑紫色。花期7～8月，果期9～11月。

生于何方：产于中国广东、广西、福建、江西、浙江、江苏、山东、湖南、湖北、四川、贵州、

安徽、河南等地；南方常有栽培。生于海拔100～1400米的山地，山谷的疏、密林下或潮湿处。日本也有分布。

A 阔叶山麦冬有哪些药用价值？

药用部位为块根，性甘，平、寒。入肺、心、胃三经，具有补肺养阴，养胃生津功效。

B 阔叶山麦冬有园艺品种吗？

阔叶山麦冬的园艺品种有金边阔叶山麦冬，是目前我国南北方园林中不可多得的常绿、耐寒、耐旱，既可观叶，也能观花，既能地栽，也可上盆的新优彩叶类地被植物，是现代景观园林中优良的林缘、草坪、水景、假山、台地修饰类彩叶地被植物。

C 怎样鉴别麦冬、山麦冬？

在商品中，有多种土麦冬或称为山麦冬的植物块根很易与正品麦冬和正品山麦冬相混淆。据资料记载以土麦冬、禾叶土麦冬和阔叶土麦冬为常见，这些土麦冬与麦冬相比一般颜色略深，形大而干瘪，质量较次。阔叶山麦冬主产于华东各省，南京的民间医生大量采用。其块根呈长圆柱形，形较大，最长的可达5厘米，中部最粗的直径在0.5～1.5厘米两端钝圆，微弯曲，两端有木心露出。表面多见宽大纵槽纹及皱纹，呈土黄色至暗黄色，不透明，干燥品质地坚硬而易折断。断面平坦，黄白色角质状，可见细小淡黄色木心，有时木心中空。气微，味甜，嚼之略有黏性。

叶条形

落叶松

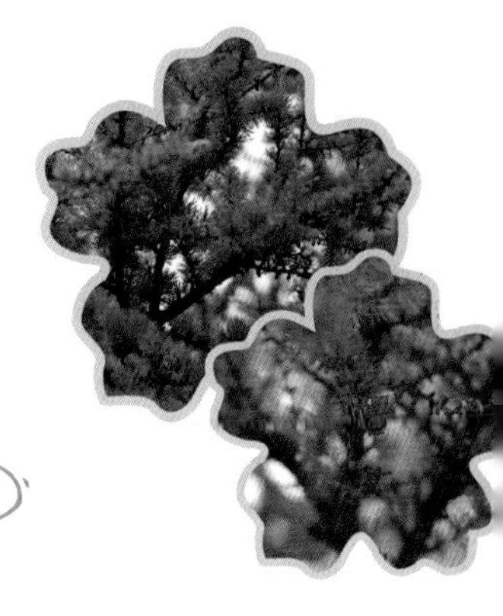

植物“名牌”：落叶松（别名兴安落叶松、达乌里落叶松），松科落叶松属。

一眼认识你：落叶乔木。高可达35米，胸径达90厘米；幼树树皮深褐色，枝斜展或近平展，树冠卵状圆锥形；冬芽近圆球形，芽鳞暗褐色，边缘具睫毛，基部芽鳞的先端具长尖头。叶片倒披针状条形，先端尖或钝尖，上面中脉不隆起，球果幼时紫红色，成熟前卵圆形或椭圆形，黄褐色、褐色或紫褐色，种子斜卵圆形，灰白色。5～6月开花，球果9月成熟。

生于何方：分布于中国大、小兴安岭海拔300～1200米地带。喜光性强，对水分要求较高，在各种不同环境（如山麓、沼泽、泥炭沼泽、草甸、湿润而土壤富腐殖质的阴坡及干燥的阳坡、湿润的河谷及山顶等）均能生长，而以生于土层深厚、肥润、排水良好的北向缓坡及丘陵地带生长旺盛。常组成大面积的单纯林，或与白桦、黑桦、丛桦、山杨、樟子松、红皮云杉、鱼鳞云杉等针阔叶树组成以落叶松为主的混交林。俄罗斯远东地区也有分布。

植物情报局

A 落叶松能耐多少摄氏度低温？

落叶松耐低温寒冷，一般在最低温度达–50℃的条件下也能正常生长。

B 为什么说落叶松属是我国东北地区三大针叶林树种之一？

落叶松为松科落叶松属的落叶乔木，是我国东北、内蒙古林区以及华北、西南的高山针叶林的主要森林组成树种，是东北地区主要三大针叶用材林树种之一。落叶松的天然分布很广，它是一个寒温带及温带的树种，在针叶树种中是最耐寒的，垂直分布达到森林分布的最上限。落叶松在我国北方地区天然分布和人工栽培的主要有兴安落叶松、长白落叶松、华北落叶松、日本落叶松以及朝鲜落叶松。

C 落叶松有何经济价值？

落叶松的木材重而坚实，抗压及抗弯曲的强度大，而且耐腐朽，木材工艺价值高，是电杆、枕木、桥梁、矿柱、车辆、建筑等优良用材。同时，由于落叶松树势高大挺拔，冠形美观，根系十分发达，抗烟能力强。所以，又是一个优良的园林绿化树种。还可以制作落叶松阿拉伯半乳聚糖。落叶松阿拉伯半乳聚糖由落叶松属木材用水或稀碱液浸提加工而得，属低黏度高分散性树胶，主要用于医药、食品等。

叶条形
青扦

植物小档案

植物“名牌”：青扦（别名华北云杉），松科云杉属。

一眼认识你：常绿乔木。高达50米，胸径达1.3米。叶排列较密，在小枝上部向前伸展，小枝下面之叶向两侧伸展，四棱状条形，直或微弯，较短，通常长0.8～1.8厘米，宽1.2～1.7毫米，先端尖，横切面四棱形或扁菱形，四面各有气孔线4～6条，微具白粉。球果卵状圆柱形或圆柱状长卵圆形，成熟前绿色，熟时黄褐色或淡褐色，长5～8厘米，径2.5～4厘米；中部种鳞倒卵形，长1.4～1.7厘米，宽1～1.4厘米，先端圆或有急尖头，或呈钝三角形，或具突起截形之尖头，基部宽楔形，鳞背露出部分无明显的槽纹，较平滑；苞鳞匙状矩圆形，先端钝圆，长约4毫米。花期4

月，球果10月成熟。

生于何方：青扦为中国特有树种，产于内蒙古（多伦、大青山）、河北（小五台山、雾灵山海拔1400～2100米）、山西（五台山、管涔山、关帝山、霍山海拔1700～2300米）、陕西南部、湖北西部海拔1600～2200米、甘肃中部及南部洮河与白龙江流域海拔2200～2600米、青海东部海拔2700米、四川东北部及北部岷江流域上游海拔2400～2800米地带。

植物情报局

A 这种植物在园林绿化中有什么应用价值？

青扦为我国特有树种，树冠枝叶繁密，层次清晰，观赏价值较高，是一种极为优良的园林绿化观赏树种。

B 青扦和白扦如何区别？

白扦的叶较长，长1.3～3厘米；青扦的叶较短，长0.8～1.8厘米。白扦的叶先端较钝，青扦的叶先端较尖。白扦的叶颜色较白，四面有白色气孔线，上面6～7条，下面4～5条；青扦的叶颜色较深，四面各有气孔线4～6条，微具白粉。白扦的球果的种鳞鳞背露出部分有条纹；青扦的球果的种鳞鳞背露出部分无明显的槽纹，较平滑。

叶条形
日本落叶松

植物小档案

植物“名牌”：日本落叶松（别名富士松、金钱松），松科落叶松属。

一眼认识你：乔木。高达30米，胸径1米；树皮暗褐色，纵裂粗糙，成鳞片状脱落；枝平展，树冠塔形。叶倒披针状条形，长1.5～3.5厘米，宽1～2毫米，先端微尖或钝，上面稍平，下面中脉隆起，两面均有气孔线，尤以下面多而明显，通常5～8条。雄球花淡褐黄色，卵圆形；雌球花紫红色，苞鳞反曲，有白粉，先端三裂，中裂急尖。球果卵圆形或圆柱状卵形，熟时黄褐色；苞鳞紫红色，窄矩圆形，长7～10毫米，基部稍宽，上部微窄，先端三裂，中肋延长成尾状长尖，不露出；种子倒卵圆形，种翅上部三角状，中部较宽，种子连翅长1.1～1.4厘米。花期4～5月，球果10月成熟。

生于何方：原产日本，分布在日本本州中部地方和关东地方，垂直海拔1200～2500米。1909年前后引入山东，现河北、河南、江西，以及北京、天津、西安等地均有栽培。在中国，主要分布在东北地区，河北、河南、山东、湖北、江西、四川等省区，河南在海拔800米以上地区生长良好。

A 日本落叶松有哪些主要病害？

日本落叶松主要须防治的是早期落针病。防治方法可采取营造针阔混交林的方式，对过密的林分，应清除被压木、病弱木，并适当修剪枝条以减少病源，对发病较重的林分，可在6月下旬至7月上旬采用400～600倍的代森胺喷洒树冠1～2次。

B 这种植物有何经济价值？

日本落叶松树干端直，姿态优美，叶色翠绿，适应范围广，生长初期较快，抗病性较强，是优良的园林树种，应用十分广泛。木材力学性能较高，有较好的耐腐性，可做建筑材料和工业用材的原料，并可从其木材中提取松节油、酒精、纤维素等化学物品，用途很广。

C 这种植物有何习性？

本种适应性强、生长快、抗病力强，是绿化中希望推广的树种。有相当的耐旱性。抗风力强，不耐干旱也不耐积水；生长速度中等偏快。枝条萌芽力较强。

叶条形 日本云杉

植物小档案

植物“名牌”：日本云杉（别名虎尾云杉、虎尾枞），松科云杉属。

一眼认识你：乔木。在原产地高达40米，胸径1～3米；树皮粗糙，淡灰色，浅裂成不规则的小块片；大枝平展，树冠尖塔形。冬芽长卵状或卵状圆锥形，深褐色，先端钝尖，长6～10毫米；芽鳞排列紧密，不反卷，宿存于小枝基部的芽鳞排列紧密，多年不脱落，淡黑色。幼枝粗，淡黄色或淡褐黄色，无毛。叶辐射伸展，或小枝上面之叶直伸，两侧及下面之叶弯伸，四棱状条形，微扁，粗硬，常弯曲，棱脊明显，四面有气孔线，深绿色，长1.5～2厘米，先端锐尖。球果长卵圆形、卵圆形或柱状椭圆形，无梗，成熟前淡黄绿色，熟时淡红褐色，长7.5～12.5厘米，径约3.5厘米；种鳞近圆形或倒卵圆形，上端圆，有微缺齿，下部宽楔形；苞鳞短小。花期4月，果熟10～11月。
生于何方：原产于日本，中国杭州、北京等地有引进栽培，生长良好。

A 日本云杉有何习性？

日本云杉性喜阳光充足的生长环境，稍耐阴，耐寒性较好，有一定的耐旱性，适应性强，对土壤的要求不严，但以疏松肥沃、排水良好的微酸性土壤生长最佳。

B 这种植物在园林绿化中有什么应用价值？

日本云杉株形美观，叶形奇特，适应性强，是园林绿化优良树种，可作孤植、列植、片植于草坪、建筑物旁，应用效果较好。

C 日本云杉在国内有哪些“亲戚”？

云杉属约40种，分布于北半球。我国有16种9变种，主产于东北、华北、西北、西南及台湾等区域的高山地带，常组成大面积的单纯林，或与其他针叶树、阔叶树混生，四川西部高山地区的天然林中，云杉类的木材蓄积量丰富。常见的种类有云杉、青扦、丽江云杉、油麦吊云杉、川西云杉、雪岭云杉等，都具有较高观赏价值。

叶条形

射干

植物小档案

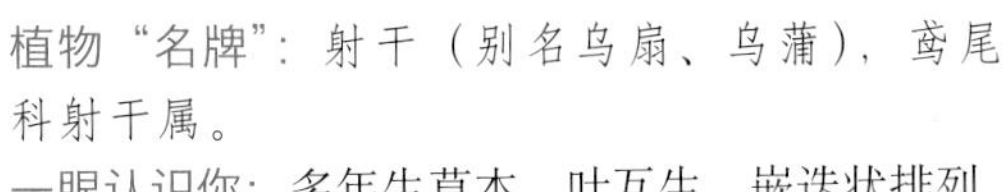

植物“名牌”：射干（别名乌扇、乌蒲），鸢尾科射干属。

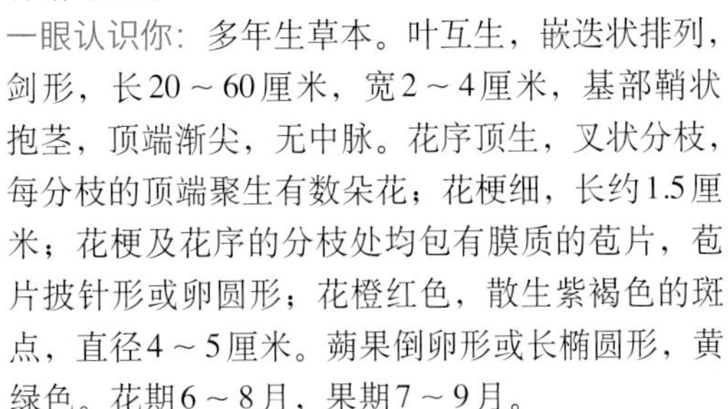

一眼认识你：多年生草本。叶互生，嵌迭状排列，剑形，长20～60厘米，宽2～4厘米，基部鞘状抱茎，顶端渐尖，无中脉。花序顶生，叉状分枝，每分枝的顶端聚生有数朵花；花梗细，长约1.5厘米；花梗及花序的分枝处均包有膜质的苞片，苞片披针形或卵圆形；花橙红色，散生紫褐色的斑点，直径4～5厘米。蒴果倒卵形或长椭圆形，黄绿色。花期6～8月，果期7～9月。

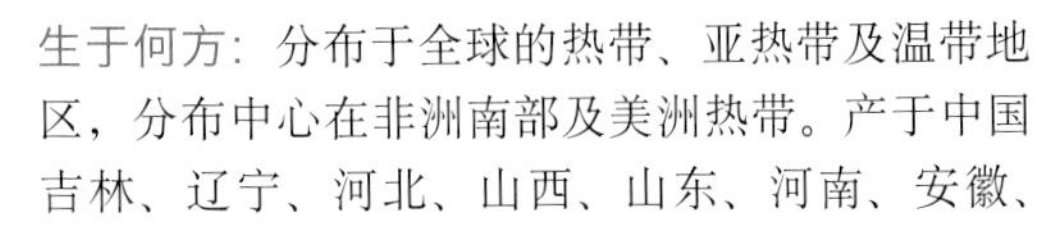

生于何方：分布于全球的热带、亚热带及温带地区，分布中心在非洲南部及美洲热带。产于中国吉林、辽宁、河北、山西、山东、河南、安徽、

江苏、浙江、福建、台湾、湖北、湖南、江西、广东、广西、陕西、甘肃、四川、贵州、云南、西藏。也产于朝鲜、日本、印度、越南、俄罗斯等国家。

A 这种植物在园林绿化中有什么应用价值？

射干花形飘逸，有趣味性，生长健壮，栽培容易，一次种植可开花数年，是一种优良的花卉植物。特别适合于配植多年生长花境和丛植于庭园边角，还可用作切花材料。

B 射干名字的由来？

射干之名的由来，宋朝苏颂给出了比较确切的解释："射干之形，茎梗疏长，正如射人长竿之状。"所谓"射人"是《周礼》中记载的官职，手持长竿，掌管礼仪，尤其以射仪（以射箭为核心环节的仪式）为主。然而由于古时的读音与如今不同，射字在表示官职时被读作"yè"，射干之名由官职而来。

叶条形

云杉

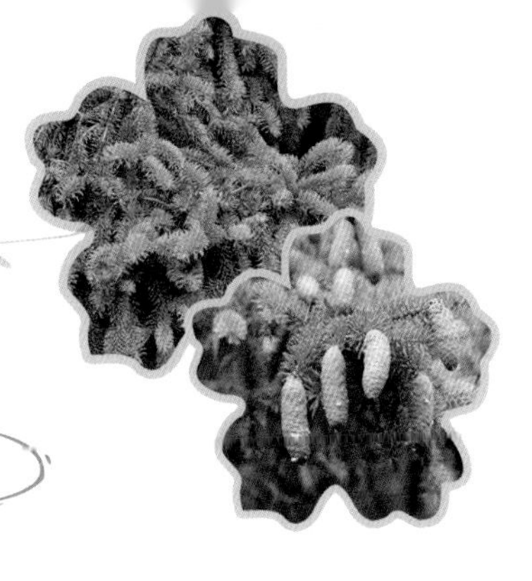

植物小档案

植物“名牌”：云杉（别名粗枝云杉、大果云杉），松科云杉属。

一眼认识你：常绿乔木。主枝之叶辐射伸展，侧枝上面之叶向上伸展，下面及两侧之叶向上方弯伸，四棱状条形，长1～2厘米，宽1～1.5毫米，微弯曲，先端微尖或急尖，横切面四棱形，四面有气孔线，上面每边4～8条，下面每边4～6条。球果圆柱状矩圆形或圆柱形，上端渐窄，成熟前绿色，熟时淡褐色或栗褐色，长5～16厘米，径2.5～3.5厘米；中部种鳞倒卵形，长约2厘米，宽约1.5厘米，上部圆或截圆形则排列紧密。花期4～5月，球果9～10月成熟。

生于何方：为中国特有树种，产于陕西西南部（凤县）、甘肃东部（两当）及白龙江流域、洮河流域、四川岷江流域上游及大小金川流域，海拔2400～3600米地带，常与紫果云杉、岷江冷杉、紫果冷杉混生，或成单纯林。

植物情报局

A 圣诞树到底是什么树？

圣诞树是圣诞节传统装饰之一。圣诞树真正出现在圣诞节上，首先见于德国，之后又传入欧洲和美国，成为圣诞节不可或缺的装饰物。人们通常用丰富多彩的饰品来装扮圣诞树，以增加节日的欢乐气氛。这类天然圣诞树身一般是用杉柏之类的常绿树做成，象征着生命长存。云杉价格相对便宜，耐阴、耐寒、喜欢凉爽湿润的气候，是北欧常见的圣诞树品种。南美洲最常见的圣诞树种是冷杉了，尤其是加拿大冷杉，冷杉的树干端直，树冠圆锥形或尖塔形，枝叶繁茂，四季常绿，可培育成优美的圣诞树。

B 这种植物在园林绿化中有什么应用价值？

云杉的树形端正，枝叶茂密，在庭院中既可孤植，也可片植。盆栽可做为室内的观赏树种，多用在庄重肃穆的场合。冬季圣诞节前后，一些饭店、宾馆和家庭中作圣诞树装饰。云杉叶上有明显粉白气孔线，远眺如白雾缭绕，苍翠可爱，作庭园绿化观赏树种，可孤植、丛植或与桧柏、白皮松配植，或作草坪衬景。

C 云杉是哪个市的市树？

云杉为中国包头市市树。

叶条形 三尖杉

植物小档案

植物“名牌”：三尖杉（别名藏杉、山榧树），三尖杉科三尖杉属。

一眼认识你：常绿乔木，高10～20米。树皮灰褐色至红褐色。小枝对生，冬芽顶生。叶螺旋状排成2列，线状披针形，微弯，下面气孔带白色。花单性异株；雄球花呈球形，具短柄，每个雄球花有6～16雄蕊，基部具1苞片；雌球花具长梗，生于枝下部叶腋，由9对交互对生的苞片组成，每苞有2直立胚球。种子绿色，核果状，内种皮坚硬。花期4月，种子8～10月成熟。

生于何方：产于中国浙江、安徽南部、福建、江西、湖南、湖北、河南南部、陕西南部、甘肃南部、四川、云南、贵州、广西及广东等地。在贵

州分布较为普遍，威宁、盘县、绥阳、遵义、贵阳、瓮安、施秉、雷山、印江、松桃、镇远、黎平、榕江、德江、锦屏，黄平、石阡、从江、独山、桐梓等地均有分布。其垂直分布幅度较大，在海拔800～2000米的丘陵山地均有分布。在东部各省生于海拔200～1000米地带，在西南各省区分布较高，可达2700～3000米，生于阔叶树、针叶树混交林中。

A 三尖杉有哪些经济价值?

木材黄褐色，纹理细致，材质坚实，韧性强，有弹性，可供建筑、桥梁、舟车、农具、家具及器具等用材；种仁可榨油，供工业用。

B 三尖杉在园林绿化中如何应用?

通常多与其他树配植，作基础种植用，或在草坪边缘，植于大乔木之下。

C 三尖杉有什么经济价值?

三尖杉是重要药源植物，研究证明，从其植物体中提取的植物碱对于癌症治疗具有一定疗效。此外其木材坚实，有弹性，具有多种用途；种子榨油可供制皂及油漆；果实入药有润肺、止咳，消积之效，所以三尖杉是一种具有多种用途的重要野生经济植物，具有多方面的经济价值。

叶条形

葱莲

植物小档案

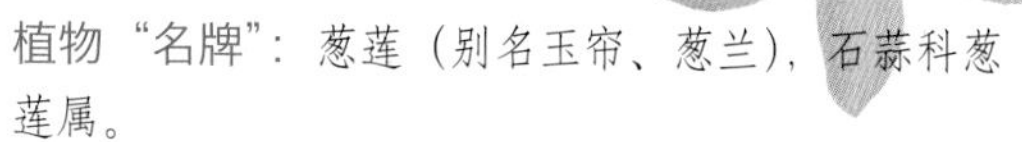

植物“名牌”：葱莲（别名玉帘、葱兰），石蒜科葱莲属。

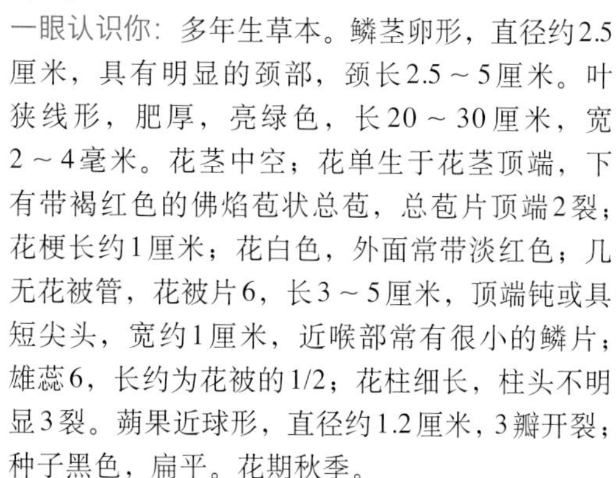

一眼认识你：多年生草本。鳞茎卵形，直径约2.5厘米，具有明显的颈部，颈长2.5～5厘米。叶狭线形，肥厚，亮绿色，长20～30厘米，宽2～4毫米。花茎中空；花单生于花茎顶端，下有带褐红色的佛焰苞状总苞，总苞片顶端2裂；花梗长约1厘米；花白色，外面常带淡红色；几无花被管，花被片6，长3～5厘米，顶端钝或具短尖头，宽约1厘米，近喉部常有很小的鳞片；雄蕊6，长约为花被的1/2；花柱细长，柱头不明显3裂。蒴果近球形，直径约1.2厘米，3瓣开裂；种子黑色，扁平。花期秋季。

生于何方：原产南美，分布于温暖地区。中国华中、华东、华南、西南等地均有引种栽培。

植物情报局

这种植物有什么药用价值？

其带鳞茎的全草是一种民间草药，有平肝、宁心、息风镇静的作用。葱莲全草含石蒜碱、多花水仙碱、尼润碱等生物碱，花瓣中含云香苷，建议不要擅自食用葱莲，误食鳞茎会引起呕吐、腹泻、昏睡、无力，应在医生指导下食用。

B 这种植物在园林绿化中有什么应用价值？

葱莲株丛低矮、终年常绿、花朵繁多、花期长，繁茂的白色花朵高出叶端，在丛丛绿叶的烘托下，异常美丽，花期给人以清凉舒适的感觉。适用于林下、边缘或半阴处作园林地被植物，也可作花坛、花径的镶边材料，在草坪中成丛散植，可组成缀花草坪，也可盆栽供室内观赏。

近似种：韭莲

C 葱莲的花语是什么？

葱莲花语：初恋、纯洁的爱。

D 葱莲和韭莲如何区别？

葱莲和韭莲同为石蒜科葱莲属多年生常绿球根草本花卉，形态相似，习性相近，但二者还是有明显的区别的。二者都有小鳞茎，但葱莲的鳞茎近似圆锥形，直径2厘米左右，颈长而细；韭莲的鳞茎卵圆形，稍肥大，颈部短而粗。葱莲的叶扁圆线形，稍带肉质，似葱而比葱细；韭莲的叶扁平线形，色绿，多斜生。葱莲的花瓣椭圆形，白色，花径4厘米至5厘米，花筒极短，几乎无花筒；韭莲的花瓣倒卵形，花筒部明显，花被裂片（瓣）倒卵形，粉红色或玫瑰红色，尚有黄色及复色，一般不常见。

叶条形
韭莲

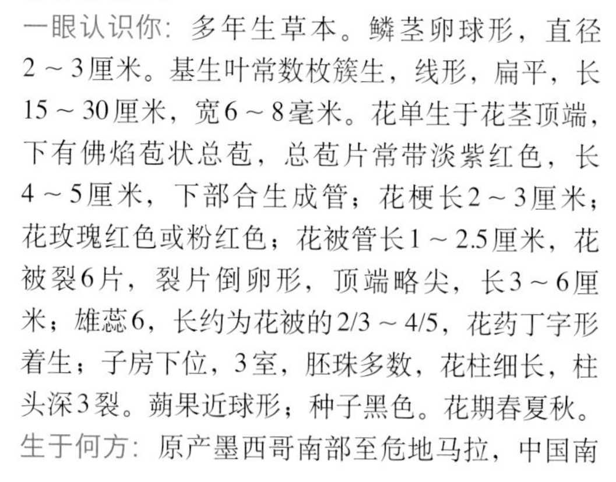

植物小档案

植物“名牌”：韭莲（别名风雨花、风雨兰），石蒜科葱莲属。

一眼认识你：多年生草本。鳞茎卵球形，直径2～3厘米。基生叶常数枚簇生，线形，扁平，长15～30厘米，宽6～8毫米。花单生于花茎顶端，下有佛焰苞状总苞，总苞片常带淡紫红色，长4～5厘米，下部合生成管；花梗长2～3厘米；花玫瑰红色或粉红色；花被管长1～2.5厘米，花被裂6片，裂片倒卵形，顶端略尖，长3～6厘米；雄蕊6，长约为花被的2/3～4/5，花药丁字形着生；子房下位，3室，胚珠多数，花柱细长，柱头深3裂。蒴果近球形；种子黑色。花期春夏秋。

生于何方：原产墨西哥南部至危地马拉，中国南

北各地庭园都引种栽培，贵州、广西、云南常见逸生。

A 这种植物在园林绿化中有什么应用价值?

韭莲粉红色，甚鲜艳，尤以高温多湿的梅雨季节最盛，花期早自5月下旬初开，断续至11月上旬气温速降才止。园林中适宜在花坛、花境和草地边缘点缀，或被地片栽，都很美观。盆栽室内装饰，花、叶都罕观赏。韭莲株丛低矮、终年常绿、花朵繁多、花期长，繁茂的粉红色花朵高出叶端，在丛丛绿叶的衬托下，异常美丽，花期给人以温馨舒适的感觉。适用于林下、边缘或半阴处作园林地被植物，也可作花坛、花径的镶边材料，在草坪中成丛散植，可组成缀花草坪，饶有野趣，也可盆栽供室内观赏。

B 韭莲有何药用价值?

韭莲有重要的药用价值，以干燥全草及鳞茎入药，有散热解毒、活血凉血的功能，主要用于跌伤红肿、毒蛇咬伤、吐血、血崩等。

C 韭莲的花语是什么?

花语为坚强勇敢地面对自己的挫折与困难。

叶条形

麦冬

植物小档案

植物“名牌”：麦冬（别名麦门冬、沿阶草），百合科沿阶草属。

一眼认识你：多年生草本。根较粗，中间或近末端常膨大成椭圆形或纺锤形的小块根。叶基生成丛，禾叶状，长10～50厘米，少数更长些，宽1.5～3.5毫米，具3～7条脉，边缘具细锯齿。花葶长6～27厘米，通常比叶短得多，总状花序长2～5厘米，或有时更长些，具几朵至十几朵花；花单生或成对着生于苞片腋内；花被片常稍下垂而不展开，披针形，长约5毫米，白色或淡紫色；花药三角状披针形，长2.5～3毫米；花柱长约4毫米，较粗，宽约1毫米，基部宽阔，向上渐狭。种子球形，直径7～8毫米。花期5～8月，果期8～9月。

生于何方：中国广东、广西、福建、台湾、浙江、江苏、江西、湖南、湖北、四川、云南、贵州、安徽、河南、陕西（南部）和河北（北京以南）等地均有栽培。也分布于日本、越南、印度。生于海拔2000米以下的山坡草丛阴湿处、林下或溪旁。

植物情报局

A 这种植物在园林绿化中有什么应用价值？

麦冬具有很高的绿化价值，它有常绿、耐阴、耐寒、耐旱、抗病虫害等多种优良性状，园林绿化方面应用前景广阔。银边麦冬、黑麦冬等具极佳的观赏价值，既可以用来进行室外绿化，又是不可多得的室内盆栽观赏佳品，其开发利用的潜力巨大。国外开发了很多观赏麦冬品种。

B 这种植物有何经济价值？

麦冬因其块根是名贵的中草药，而成为农民种植的一种高效经济作物。也是中国常用中药材，广泛用于中医临床，为多种中成药及保健食品原料。

C 麦冬为何在河南被称“禹韭”？

麦冬是中国第一部药物学著作《神农本草经》记载的上品药物，同时，也是一直被人们称为生于阶沿，用为上品的养生佳品。我们所熟悉的枣核形的药材，则是来自于其肉质块茎。麦冬在河南禹州被人民称为“禹韭”。禹韭之名的来历有这样一个传说：大禹治水成功后，地里的庄稼丰收了，老百姓产的粮食吃不完，大禹就命令把剩余的粮食倒进河中，河中便长出了一种草，即麦冬。人们称此草“禹余粮”。由于此草产于禹州，叶窄而细长，形似韭菜，故叫做“禹韭”“禹霞”。

植物小档案

植物“名牌”：水葱（别名葱蒲、莞草），莎草科藨草属。

一眼认识你：匍匐根状茎粗壮，具许多须根。秆高大，圆柱状，最上面一个叶鞘具叶片。叶片线形。苞片1枚，为秆的延长，直立，钻状，常短于花序，极少数稍长于花序；长侧枝聚伞花序简单或复出，假侧生；小穗单生或2～3个簇生于辐射枝顶端，卵形或长圆形，顶端急尖或钝圆，具多数花；鳞片椭圆形或宽卵形，顶端稍凹，具短尖，膜质；雄蕊3，花药线形，药隔突出；花柱中等长，柱头2，罕3，长于花柱。小坚果倒卵形或椭圆形，双凸状，少有三棱形，长约2毫米。花果期6～9月。

生于何方：产于中国东北各省、内蒙古、山西、陕西、甘肃、新疆、河北、江苏、贵州、四川、云南等地。也分布于朝鲜、日本，澳洲、南北美洲等国家及地区。生长在湖边、水边、浅水塘、沼泽地或湿地草丛中。

植物情报局

A 水葱有何用途？

水葱对污水中有机物、氨氮、磷酸盐及重金属有较高的去除率，另外，云南一带常取其秆作为编织席子的材料。

B 水葱在北方可以露天越冬吗？

水葱喜欢生长在温暖潮湿的环境中，需阳光。自然生长在池塘、湖泊边的浅水处、稻田的水沟中生性强健，适应性强，耐寒、耐阴、也耐盐碱。在北方大部分地区地下根状茎在水下可自然越冬。

C 水葱可以吃吗？

水葱很像食用的大葱，但不能作为蔬菜食用。在自然界中常生长在沼泽地、沟渠、池畔、湖畔浅水中。该植物的地上部分可入药，夏、秋采收，洗净，切段，晒干。具有利水消肿之功效。

叶条形

鸢尾

近似种：一点红鸢尾

植物小档案

植物“名牌”：鸢尾（别名屋顶鸢尾、蓝蝴蝶），鸢尾科鸢尾属。

一眼认识你：植株基部围有老叶残留的膜质叶鞘及纤维。叶基生，黄绿色，稍弯曲，中部略宽，宽剑形。花茎光滑，顶部常有1～2个短侧枝，中、下部有1～2枚茎生叶；苞片2～3枚，绿色，草质，顶端渐尖或长渐尖，内包含有1～2朵花。花蓝紫色。蒴果长椭圆形或倒卵形，长4.5～6厘米，直径2～2.5厘米，有6条明显的肋，成熟时自上而下3瓣裂；种子黑褐色，梨形，无附属物。花期4～5月，果期6～8月。

生于何方：产于中国山西、安徽、江苏、浙江、福建、湖北、湖南、江西、广西、陕西、甘肃、

青海、四川、贵州、云南、西藏等地。缅甸、日本也有分布。生于海拔800～1800米的灌木林缘阳坡地、林缘及水边湿地，在庭园栽培历史悠久。

近似种：巴西鸢尾

植物情报局

A 鸢尾有何传说？

鸢尾花主要色彩为蓝紫色，有“蓝色妖姬”的美誉，鸢尾花因花瓣形如鸢鸟尾巴而以其属名Iris称之(爱丽丝)。爱丽丝在希腊神话中是彩虹女神，她是众神与人间的使者，主要任务在于将善良人死后的灵魂，经由天地间的彩虹桥携回天国。

B 这种植物在园林绿化中如何应用？

鸢尾叶片碧绿青翠，花形大而奇，宛若翩翩彩蝶，是庭园中的重要花卉之一，也是优美的盆花、切花和花坛用花。其花色丰富，花形奇特，是花坛及庭院绿化的良好材料，也可用作地被植物，有些种类为优良的鲜切花材料。国外有用此花做香水的习俗。

C 鸢尾的花语是什么？

鸢尾花在中国常用以象征爱情和友谊，鹏程万里，前途无量，明察秋毫，在爱情里面，鸢尾花代表恋爱使者，鸢尾的花语是长久思念。欧洲人认为它象征光明自由。在古代埃及，鸢尾花是力量与雄辩的象征。此外，鸢尾还代表着人生更美好。

植物小档案

植物“名牌”：毛泡桐（别名紫花桐、日本泡桐），玄参科泡桐属。

一眼认识你：落叶乔木，高达20米。树皮褐灰色，有白色斑点。叶柄常有黏性腺毛，叶全缘。聚伞圆锥花序的侧枝不发达，小具伞花序具有3～5朵花，花萼浅钟状，密被星状茸毛，5裂至中部，花冠漏斗状钟形，外面淡紫色，有毛，内面白色，有紫色条纹。蒴果卵圆形，先端锐尖，外果皮革质。花期4～5月，果期8～9月。

生于何方：分布于中国辽宁南部、河北、河南、山东、江苏、安徽、湖北、江西、福建、云南、贵州、浙江、苏州、南京等地，通常栽培，西部地区有野生。海拔可达1800米。日本、朝鲜、欧

洲和北美洲也有引种栽培。

植物情报局

近似种：白花泡桐

A 毛泡桐有何功效？

味苦、性寒。具有清肺利咽、解毒消肿的功效。

B 这种植物在园林绿化中有什么应用价值？

疏叶大，树冠开张，四月间盛开簇簇紫花或白花，清香扑鼻。叶片被毛，分泌一种黏性物质，能吸附大量烟尘及有毒气体，是城镇绿化及营造防护林的优良树种。生长快，既适合四旁绿化和成片造林，又适于华北、中原广大地区实行农田林网化和农桐间作。

C 毛泡桐材质有何特点？

毛泡桐材质优良，轻而韧，具有很强的防潮隔热性能，耐酸耐腐，导音性好，不翘不裂，不被虫蛀，不易脱胶，纹理美观，油漆染色良好，易于加工，便于雕刻，在工农业上用途广泛。在工业和国防方面，可利用制作胶合板、航空模型、车船衬板、空运水运设备，还可制作各种乐器、雕刻手工艺品、家具、电线压板和优质纸张等；建筑上做梁、檩、门、窗和房间隔板等；农业上制作水车、渡槽等。

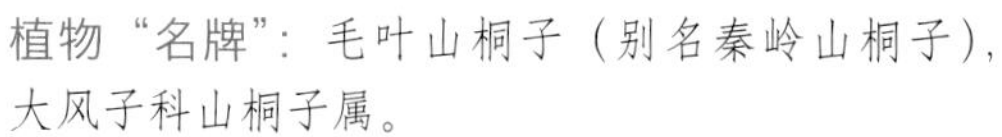

植物"名牌"：毛叶山桐子（别名秦岭山桐子），大风子科山桐子属。

一眼认识你：落叶乔木，高8～21米。叶薄革质或厚纸质，卵形或心状卵形，或为宽心形，长13～16厘米，稀达20厘米，宽12～15厘米，先端渐尖或尾状，基部通常心形，边缘有粗齿，齿尖有腺体，上面深绿色，光滑无毛，下面有密柔毛，无白粉而为棕灰色。花单性，雌雄异株或杂性，黄绿色，有芳香，花瓣缺，排列成顶生下垂的圆锥花序。浆果成熟期血红色，果实长圆形至圆球状，高过于宽，果梗细小，长0.6～2厘米；种子红棕色，圆形。花期4～5月，果熟期10～11月。

生于何方：产于中国陕西、甘肃、河南三省的南部和中南、华东、华南及西南区等区域。

A 毛叶山桐子有何生态习性？

毛叶山桐子是阳性速生树种，对气候条件要求不严，生长适应性强：耐旱、耐贫瘠、耐高温低寒、喜温暖气候和肥沃土壤。

B 这种植物在园林绿化中有什么应用价值？

毛叶山桐子浆果球形、鲜红色，秋日红果累累下垂，观赏价值高。同时，其树型高大、叶片肥厚而油亮，属于难得的观果观叶类乔木树种。

C 毛叶山桐子油有何用途？

毛叶山桐子的果肉和种子均可榨油，平均含油量超过35%。盛果期单株产果可达150千克，山桐子油富含油酸、亚油酸、亚麻酸等不饱和脂肪酸，含量高达70%～90%，与橄榄油不相上下。不饱和脂肪酸有助于降低人体胆固醇和心血管病发病率。果实含油率20%～30%，种子含油率20%～26%。可制肥皂或做润滑油原料，同时还是优质食用油和高级护肤皂、保健品的上佳原料。

叶羽状深裂

万寿菊

植物小档案

植物“名牌”：万寿菊（别名臭芙蓉、臭菊花），菊科万寿菊属。

一眼认识你：一年生草本植物。茎直立，粗壮，具纵细条棱，分枝向上平展。叶羽状分裂，沿叶缘有少数腺体。头状花序单生，总苞杯状，顶端具齿尖，舌状花黄色或暗橙色，管状花花冠黄色。瘦果线形，基部缩小，黑色或褐色，被短微毛，冠毛有1～2个长芒和2～3个短而钝的鳞片。花期7～9月。

生于何方：原产墨西哥。中国各地均有分布。可生长在海拔1150～1480米的地区，多生在路边草甸。

A 万寿菊可以吃吗?

万寿菊花可以食用。是花卉食谱中的名菜，将新鲜的万寿菊花瓣洗净晾干，再裹上面粉用油炸，其香味会令人垂涎三尺。

B 这种植物在园林绿化中有什么应用价值?

万寿菊是一种常见的园林绿化花卉，其花大、花期长，常用来点缀花坛、广场、布置花丛、花境和培植花篱。中、矮生品种适宜作花坛、花径、花丛材料，也可作盆栽，植株较高的品种可作为背景材料或切花。

C 万寿菊中提取的叶黄素有何用途?

万寿菊橙黄色的鲜花中含有丰富的天然叶黄素，色素具有抗氧化、稳定性强、无毒害、安全性高等特点，广泛运用于食品、化妆品、烟草、医药及禽类饲料中，国际上含10%的叶黄素油每吨售价达12万元，素有“软黄金”的美誉，发展前景非常广阔。

叶羽状深裂 硫华菊

植物小档案

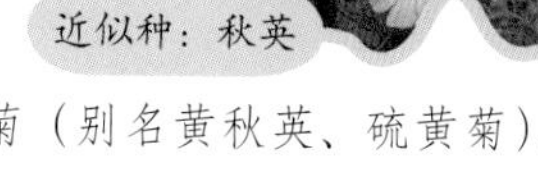

近似种：秋英

植物“名牌”：硫华菊（别名黄秋英、硫黄菊），菊科秋英属。

一眼认识你：一年生草本植物。多分枝，叶为对生的二回羽状叶，深裂，裂片呈披针形，有短尖，叶缘粗糙，与大波斯菊相比叶片更宽。花为舌状花，有单瓣和重瓣两种，直径3～5厘米，颜色多为黄、金黄、橙色，红色，瘦果总长1.8～2.5厘米，棕褐色，坚硬，粗糙有毛，顶端有细长喙。春播花期6～8月，夏播花期9～10月。

生于何方：原产于墨西哥，中国有栽培。

A 硫华菊是怎么培育成的？

硫华菊是菊科秋英属的一年生草本植物，原产于墨西哥，在海拔1600米以下地区自然生长。其拉丁名种加词sulphureus的本意就是“硫黄的”。此植物喜阳耐半阴，耐寒性一般，是由大波斯菊与同属其他种自然杂交得到。

B 这种植物在园林绿化中有什么应用价值？

硫华菊花大、色艳，株形整齐，最宜多株丛植或片植。也可利用其能自播繁衍的特点，与其他多年生花卉一起，用于花境栽植，或草坪及林缘的自然式配植。植株低矮紧凑，花头较密的矮生品种，可用于花坛布置或作切花之用。

C 硫华菊在世界上栽培广泛吗？

18世纪末，西班牙马德里植物园首次种植硫华菊，从此硫华菊被该植物园的园长、硫华菊的命名人安东尼奥·何塞·卡瓦尼列斯引入欧洲。据残存的文献记载，硫华菊是于日本大正时代初期传入日本，现在是日本主要的园艺花卉品种之一。硫华菊在韩国生长也很普遍，街道旁大量生长这种花。1950年代，韩国农学家、植物学家禹长春博士建议引进此花，之后此花在韩国大量栽培。目前我国有栽培1996年，硫华菊被美国东南部外来有害植物理事会（SE—EPPC）宣布为入侵物种。

叶羽状深裂

秋英

植物小档案

植物“名牌”：秋英（别名波斯菊、大波斯菊），菊科秋英属。

一眼认识你：一年生或多年生草本，高1～2米。根纺锤状，多须根，或近茎基部有不定根。茎无毛或稍被柔毛。叶二次羽状深裂，裂片线形或丝状线形。头状花序单生，径3～6厘米。总苞片外层披针形或线状披针形，近革质，淡绿色，具深紫色条纹。舌状花紫红色，粉红色或白色；舌片椭圆状倒卵形，长2～3厘米，宽1.2～1.8厘米，有3～5钝齿；管状花黄色，长6～8毫米，管部短，上部圆柱形，有披针状裂片。瘦果黑紫色，无毛，上端具长喙，有2～3尖刺。花期6～8月，果期9～10月。

生于何方：原产美洲墨西哥，在中国栽培甚广，在路旁、田埂、溪岸也常自生。云南、四川西部有大面积归化，海拔可达2700米。

植物情报局

秋英就是格桑花吗？

在西藏，一般叫不出名字的野花常被称为“格桑

花”，现知被称为格桑花的有杜鹃、雪莲、狼毒、波斯菊、金露梅等。藏族人民把他们见到的很多颜色鲜艳的花都称为格桑花。所以秋英可被称为格桑花，格桑花不一定就是秋英。

B 秋英在园林绿化中如何应用？

秋英株型高大，叶形雅致，花色丰富，有粉、白、深红等色，适于布置花镜，在草地边缘，树丛周围及路旁成片栽植美化绿化，颇有野趣。重瓣品种可作切花材料。适合作花境背景材料，也可植于篱边、山石、崖坡、树坛或宅旁。

C 秋英的花语是什么？

花语是怜惜眼前人，少女的真心、少女的纯情、清净、高洁、自由、爽朗、永远快乐。白色秋英花语是纯洁，红色秋英花语为多情，黑色秋英花语是没有人可以像我这样爱你，一段浪漫爱情的终结。

D 为什么秋英又叫“张大人花”？

1906年，清朝光绪皇帝爱新觉罗·载湉任命张荫棠为副都统，以驻藏帮办大臣的身份到西藏，以挽回政令不通的危局。张荫棠珍视民族团结，更爱花成癖，进藏时，带来了一包“秋英”种子，分别赠送给了当时的权贵和僧人，撒播在寺院和僧俗官员的庭院中。这种花生命力极强，自踏上这片高天阔土，就迅速传遍到西藏各地。淳朴的藏族人民不知这花的原名，只知是张大人赠给的，故一律称他带来的这种花为“张大人花”。

叶羽状深裂

虞美人

植物小档案

植物“名牌”：虞美人（别名赛牡丹、小种罂粟花），罂粟科罂粟属。

一眼认识你：株高40～60厘米，分枝细弱，被短硬毛。茎叶均有毛，含乳汁，叶互生，羽状深裂，裂片披针形，具粗锯齿。花单生茎顶，花蕾始下垂有长梗，开放时直立，有单瓣或重瓣，花色有红、淡红、紫、白等色，既有单色也有复色，很是美丽，未开放时下垂，花瓣4枚，近圆形，花径约5～6厘米，花色丰富。蒴果杯形，种子肾形，内含种子细小、多数。花期4～6月。

生于何方：原产欧洲中部及亚洲东北部，世界各地多有栽培。如今虞美人在中国广泛栽培，以江、浙一带最多。

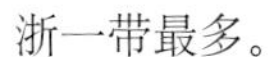

植物情报局

虞美人和罂粟如何区分？

虞美人和罂粟同属一科，从外形上看两者非常相似。罂粟可以提炼毒品海洛因，被严格禁止种植，而虞美人则是常见的观赏花卉，种植广泛，经常有人将虞美

人误认为是罂粟。虞美人全株被明显的糙毛，分枝多而纤细，叶质较薄，整体感觉纤弱；罂粟全株光滑并被白粉，包括茎、叶、果等，茎粗壮，茎秆分枝少，叶厚实。虞美人花径相对较小，一般约为5～6厘米，花瓣极为单薄，质地柔嫩；而罂粟花朵较大，花径可达10厘米，花瓣质地较厚实，非常有光泽。虞美人果实较小，直径在0.6～1.0厘米左右；罂粟的蒴果，直径可达3～5厘米，鲜时含有较多的白色乳汁。

B 这种植物在园林绿化中有什么应用价值？

虞美人的花多彩多姿、颇为美观，适用于花坛栽植。在公园中成片栽植，景色非常宜人。因为一株上花蕾很多，此谢彼开，可保持相当长的观赏期。如分期播种，能从春季陆续开放到秋季。

C 虞美人有何功效？

虞美人不但花美，而且药用价值高。入药叫雏罂粟，有镇咳、止痛、停泻、催眠等作用，其种子可延年益寿。

D 虞美人的花语是什么？

白色虞美人象征着安慰、慰问；红色虞美人代表着极大的奢侈、顺从；虞美人在古代寓意着生离死别、悲歌。

近似种：
冰岛虞美人

叶圆形

金叶过路黄

植物“名牌”：金叶过路黄（别名金叶串钱草、金钱草），报春花科珍珠菜属。

一眼认识你：多年生蔓性草本，常绿，株高约5厘米，枝条匍匐生长，可达60厘米，单叶对生，圆形，基部心形长约2厘米，早春至秋季金黄色，冬季霜后略带暗红色。单花，黄色尖端向上翻成杯形，亮黄色，花径约2厘米，因花色与叶色相近，常难以引起人注意。花期为5～7月。

生于何方：原产于欧洲、美国东部等地，中国广泛栽培。

A 这种植物在园林绿化中有什么应用价值?

金叶过路黄可作为色块，与宿根花卉、麦冬、小灌木等搭配，亦可盆栽。金叶过路黄的叶色鲜艳丰富，且抗寒性强，是优良彩色地被植物。

B 金叶过路黄随着季节的变化叶色有什么变化?

金叶过路黄的叶片在3～11月呈金黄色，到11月底植株渐渐停止生长，叶色由金黄色慢慢转为淡黄，直至绿色。在冬季浓霜和气温降到−5℃时叶色会转为暗红色。

C 金叶过路黄作为地被有何优势?

金叶过路黄枝叶能迅速覆盖地面，在完全覆盖地面以后，金叶过路黄植株会表现出很强的簇拥叠生性状，它的抗杂草能力相当强，因此，在栽培管理中杂草防除工作量较少。金叶过路黄的生长势强，病虫害少，耐践踏，养护管理比较容易。

D 这种植物有何功效?

本种为民间常用草药，功能为清热解毒，利尿排石。

叶圆形

莲

植物小档案

植物“名牌”：莲（别名荷花、芙蓉），睡莲科莲属。
一眼认识你：挺水草本植物，根茎最初细小如手指，具横走根状茎，即我们日常吃的莲藕。叶圆形，高出水面，有长叶柄，具刺，成盾状生长。花单生在花梗顶端，直径10～20厘米；萼片5，早落；花瓣多数为红色、粉红色或白色；多数为雄蕊；心皮多，离生，嵌生在海绵质的花托穴内。坚果椭圆形或卵形，俗称莲子，长1.5～2.5厘米。花期夏季。
生于何方：荷花一般分布在中亚、西亚、北美、印度、中国、日本等亚热带和温带地区。荷花在中国南起海南岛，北至黑龙江的富锦，东至上海及台湾，西至天山北麓，除西藏和青海外，全国大部分地区都有分布。垂直分布可达海拔2000米，在秦岭和神农架的深山池沼中也可见到。

A 什么地方能看到这种植物？

中国著名荷花观赏地有新都桂湖、湖北洪湖、杭州西湖、武汉东湖、岳阳莲湖、山东微山湖、济南大明湖、南京玄武湖。

B 在中国，莲有多少品种？

中国莲品种资源丰富，传统品种约达200个以上，又不断有新品种涌现。莲品种分类是以莲人工栽培的历史演进为依据，并适当结合栽培应用的实际。种和种型是品种分类的前提，其下以株型大小为一级分类标准，花的重瓣性为二级分类标准，花色为三级分类标准。凡口径26厘米以内盆（缸）中能开花，平均花径不超过12厘米，立叶平均直径不超过24厘米、平均高不超过33厘米者为小型品种（碗莲）；凡其中某一项超过指标，即列入大、中株型品种。依用途不同可分为藕莲、子莲和花莲三大系统。根据《中国荷花品种图志》的分类标准共分为3系、5群、23类及28组。

莲有何象征意义？

由于“荷”与“和”“合”谐音，“莲”与“联”“连”谐音，中华传统文化中，经常以荷花（即莲花）作为和平、和谐、合作、合力、团结、联合等的象征。因此，从某种意义上说，赏荷也是对中华“和”文化的一种弘扬。荷花品种丰富多彩，是“荷（和）而不同”，但又共同组成了高洁的荷花世界，是“荷（和）为贵”。荷花文化能在弘扬和平文化、和谐文化的进程中，能被更多的人所了解和熟知。弘扬中华“和”文化，对于我们促进祖国统一、维护世界和平、构建和谐社会的事业有着特别重要的意义。

叶圆形

天竺葵

植物小档案

植物“名牌”：天竺葵（别名洋绣球、石腊红），牻牛儿苗科天竺葵属。

一眼认识你：多年生草本，高30～60厘米。茎直立，基部木质化，上部肉质，多分枝或不分枝，具明显的节，密被短柔毛，具浓裂鱼腥味，叶互生。叶片圆形或肾形，茎部心形，直径3～7厘米，边缘波状浅裂，具圆形齿，两面被透明短柔毛，表面叶缘以内有暗红色马蹄形环纹。伞形花序腋生，具多花，总花梗长于叶，被短柔毛；总苞片数枚，宽卵形；花梗3～4厘米，被柔毛和腺毛。芽期下垂，花期直立；萼片狭披针形，长8～10毫米，外面密腺毛和长柔毛，花瓣红色、橙红、粉红或白色，宽倒卵形，长12～15毫米，宽6～8

毫米，先端圆形，基部具短爪，下面3枚通常较大；子房密被短柔毛。蒴果长约3厘米，被柔毛。

花期5～7月，果期6～9月。

生于何方：原产非洲南部。中国各地普遍栽培。

A 天竺葵为什么在园林绿化中很受欢迎？

天竺葵适应性强，花色鲜艳，花期长，适用于室内摆放，花坛布置等。天竺葵不仅是非洲人民的骄傲，在欧亚地区也非常受欢迎。德国、西班牙和匈牙利等国都十分重视天竺葵的生产和育种，并且匈牙利还将多姿多彩的天竺葵定为国花。

B 天竺葵的花语是什么？

天竺葵花语是偶然的相遇，幸福就在你身边。红色天竺葵花语为你在我的脑海挥之不去。粉红色天竺葵花语为很高兴能陪在你身边。

D 天竺葵如何用于心理治疗？

天竺葵是神经系统的良药，可平抚焦虑、沮丧，还能提振情绪，让心理恢复平衡。而且由于它也能影响肾上腺皮质，因此它能纾解压力。

D 天竺葵有哪些功效？

气味甜而略重，有点像玫瑰，又稍稍像薄荷，历史临床记录其曾被用来治疗霍乱和骨骼受伤。

叶圆形

蜀葵

植物“名牌”：蜀葵（别名大蜀季、戎葵），锦葵科蜀葵属。

一眼认识你：二年生直立草本，高达2米，茎枝密被刺毛。叶近圆心形，直径6～16厘米，掌状5～7浅裂或波状棱角，裂片三角形或圆形，中裂片长约3厘米，宽4～6厘米，上面疏被星状柔毛，粗糙，下面被星状长硬毛或茸毛。花腋生，单生或近簇生，排列成总状花序式，具叶状苞片；花大，直径6～10厘米，有红、紫、白、粉红、黄和黑紫等色，单瓣或重瓣，花瓣倒卵状三角形。果盘状。花期2～8月。

生于何方：原产中国西南地区，在中国分布很广，华东、华中、华北、华南地区均有分布。世界各地广泛栽培。

A 蜀葵是哪个市的市花?

蜀葵是山西省朔州市市花，当地人称之为“大花”。

B 蜀葵在园林绿化中如何应用?

蜀葵十分漂亮，颜色鲜艳，给人清新的感觉，很受人喜欢，特别适合种植在院落、路侧。而且还可组成繁华似锦的绿篱、花墙，美化园林环境。给绿篱、花墙的主人带来一种温和的感觉。园艺品种较多，有‘千叶’‘五心’‘重台’‘剪绒’‘锯口’等名贵品种，国外也培育出不少优良品种。宜于种植在建筑物旁、假山旁或点缀花坛、草坪，成列或成丛种植。矮生品种可作盆花栽培，陈列于门前，不宜久置室内。也可剪取作切花，供瓶插或作花篮、花束等用。

C 蜀葵的花语是什么?

蜀葵的花语是梦。

植物“名牌”：白皮松（别名虎皮松、蟠龙松），松科松属。

一眼认识你：乔木，高达30米。胸径可达3米，有明显的主干，或从树干近基部分成数干，枝较细长，斜展，形成宽塔形至伞形树冠，幼树树皮光滑，灰绿色，长大后树皮成不规则的薄片脱落，露出淡黄绿色的新皮，老则树皮呈淡褐灰色或灰白色，裂成不规则的鳞状块片脱落，脱落后近光滑，露出粉白色的内皮，白褐相间成斑鳞状。针叶3针一束，粗硬。球果通常单生，初直立，后下垂，成熟前淡绿色，熟时淡黄褐色，卵圆形或圆锥状卵圆形。花

期4～5月，球果第二年10～11月成熟。

生于何方：为中国特有树种，产于山西（吕梁山、中条山、太行山）、河南西部、陕西秦岭、甘肃南部及天水麦积山、四川北部江油观雾山及湖北西部等地。苏州、杭州、衡阳等地均有栽培。

A 这种植物在园林绿化中有什么应用价值？

白皮松在园林配植上用途十分广阔，它可以孤植，对植，也可丛植成林或作行道树，均能获得良好效果，适于庭院中堂前，亭侧栽植，使苍松奇峰相映成趣，颇为壮观。干皮斑驳美观，针叶短粗亮丽，是一个不错的历史园林绿化传统树种，又是一个适应范围广泛、能在钙质土壤和轻度盐碱地生长良好的常绿针叶树种。

B 为什么说白皮松是我国古典建筑中的常见树种？

白皮松树姿优美，树干斑驳、苍劲奇特，宛若蛟龙，可营造幽静、肃穆的气氛，所以古时皇陵、寺庙遗留很多白皮松古树，为我国古典园林中常见的树种。

叶针形

华山松

植物小档案

植物“名牌”：华山松（别名果松、青松），松科松属。

一眼认识你：乔木，高达35米。胸径1米，幼树树皮灰绿色或淡灰色，平滑，老则呈灰色，裂成方形或长方形厚块片固着于树干上，或脱落，枝条平展，形成圆锥形或柱状塔形树冠。针叶5针一束，稀6～7针一束，长8～15厘米，径1～1.5毫米，边缘具细锯齿，仅腹面两侧各具4～8条白色气孔线，横切面三角形，单层皮下层细胞，树脂道通常3个，中生或背面2个边生、腹面1个中生，稀具4～7个树脂道，则中生与边生兼有，叶鞘早落。雄球花黄色，卵状圆柱形，长约1.4厘米，基部围有近10枚卵状匙形的鳞片，多数集生于新枝下部成穗状，排列较疏松。球果圆锥状长卵圆形，长10～20厘米，径5～8厘米，幼时绿色，成熟时黄色或褐黄色。花期4～5月，球果第二年9～10月成熟。

生于何方：产于中国山西南部中条山（北至沁源海拔1200～1800米）、河南西南部及嵩山、陕西南部秦岭（东起华山，西至辛家山，海拔1500～2000米）甘肃南部（洮河及白龙江流域）、四川、湖北西部、贵州中部及西北部、云南及西藏雅鲁藏布江下游海拔1000～3300米地带。江西庐山、浙江杭州等地有栽培。

植物情报局

A 华山松一般用在哪些地方？

华山松不仅是风景名树及薪炭林，还能涵养水源，保持水土，防止风沙。华山松高大挺拔，树皮灰绿色，叶5针一束，冠形优美，姿态奇特，为良好的绿化风景树。为点缀庭院、公园、校园的珍品。植于假山旁、流水边更富有诗情画意。针叶苍翠，生长迅速，是优良的庭院绿化树种。华山松在园林中可用作园景树、庭荫树、行道树及林带树、亦可用于丛植、群植，并系高山风景区之优良风景林树种。

B 华山松有哪些经济用途？

华山松是很好的建筑木材和工业原料。松木材质轻软，纹理细致，易于加工，而且耐水、耐腐，有“水浸千年松”的声誉。是名副其实的栋梁之材。用快刀切开

松树干的皮层，就流出松脂，松脂经分馏，分离出挥发性的松节油后，剩下坚硬透明呈琥珀色的松香。松仁榨油，属干性油，是工业上制皂、硬化油、调制漆和润滑油的重要原料。

C 华山松的种子可以食用吗？

华山松仁内还含蛋白质17.83%，常作干果炒食，味美清香。

D 华山松和“松黄”有什么关系？

华山松的花粉，在医学上叫作“松黄”，浸酒温服，有医治创伤出血，头旋脑胀的功效，还可作预防汗疹的爽身粉。

E 华山松和华山有关系吗？

华山松因集中产于陕西的华山而得名，其模式标本就是采自秦岭。

叶针形
日本五针松

植物“名牌”：日本五针松（别名日本五须松、五针松），松科松属。

一眼认识你：乔木，在原产地高10～30米，胸径0.6～1.5米。幼树树皮淡灰色，平滑，大树树皮暗灰色，裂成鳞状块片脱落；枝平展，树冠圆锥形；一年生枝幼嫩时绿色，后呈黄褐色，密生淡黄色柔毛；冬芽卵圆形，无树脂。针叶5针一束，微弯曲，长3.5～5.5厘米，径不及1毫米，边缘具细锯齿，背面暗绿色，无气孔线，腹面每侧有3～6条灰白色气孔线；横切面三角形，单层皮下层细胞，背面有2个边生树脂道，腹面1个中生或无树脂道；叶鞘早落。球果卵圆形或卵状椭圆形，几无梗，熟时种鳞张开，长4～7.5厘米，径3.5～4.5厘米；中部种鳞宽倒卵状斜方形或长方状倒卵形，长2～3厘米，宽1.8～2厘米，鳞盾淡褐色或暗灰褐色，近斜方形，先端圆，鳞脐凹下，微内曲，边缘薄，两侧边向外弯，下部底边宽楔形；种子为不规则倒卵圆形，近褐色，具黑色斑纹，长8～10毫米，径约7毫米，种翅宽6～8毫米，连种子长1.8～2厘米。

生于何方：原产日本，分布在本州中部、北海道、九州、四国海拔1500米的山地。中国的长江流域各城市及青岛、北京等地引种栽培。

这种植物在园林绿化中有什么应用价值？

日本五针松姿态苍劲秀丽，松叶葱郁纤秀，富有诗情画意，集松类树种气、骨色、神之大成。是名贵的观赏树种。孤植配奇峰怪石，修剪后在公园、庭院、宾馆作点景树，适宜与各种古典或现代的建筑配植。可列植园路两侧作园路树，亦可在园路转角处两三株丛植。最宜与假山石配植成景，或配以牡丹、杜鹃，或以梅为侣，以红枫为伴。

为什么说日本五针松是制作盆景的上乘树种？

五针松因五叶丛生而得名，五针松品种很多，其中以针叶最短（叶长2厘米左右）、枝条紧密的大阪松最为名贵。目前，五针松盆景已在中国各地普遍栽种。五针松植株较矮，生长缓慢，叶短枝密，姿态高雅，树形优美，是制作盆景的上乘树种。

五针松的花语是什么？

五针松的花语是生命永存，老而不衰。

叶针形

雪松

植物“名牌”：雪松（别名宝塔松、喜马拉雅山雪松），松科雪松属。

一眼认识你：乔木，高达30米左右，胸径可达3米。叶在长枝上辐射伸展，短枝上叶成簇生状（每年生出新叶约15～20枚），叶针形，坚硬，淡绿色或深绿色，长2.5～5厘米，宽1～1.5毫米，上部较宽，先端锐尖，下部渐窄，常成三棱形，稀背脊明显，叶之腹面两侧各有2～3条气孔线，背面4～6条，幼时气孔线有白粉。雄球花长卵圆形或椭圆状卵圆形，长2～3厘米，径约1厘米；雌球花卵圆形，长约8毫米，径约5毫米。球果成熟前淡绿色，微有白粉，熟时红褐色，卵圆形或宽椭圆形。

生于何方：分布于阿富汗至印度，海拔1300～3300米地带。中国的北京、旅顺、大连、青岛、徐州、上海、南京、杭州、南平、庐山、武汉、长沙、昆明等地已广泛栽培作庭园树。

植物情报局

A 雪松是哪些地方的市树？

雪松是中国南京、青岛、三门峡、晋城、蚌埠、淮安等城市的市树。

B 这种植物在园林绿化中有什么应用价值？

雪松是世界著名的庭园观赏树种之一。它具有较强的防尘、减噪与杀菌能力，也适宜作工矿企业绿化树种。雪松树体高大，树形优美，最适宜孤植于草坪中央、建筑前庭之中心、广场中心或主要建筑物的两旁及园门的入口等处。其主干下部的大枝自近地面处平展，常年不枯，能形成繁茂雄伟的树冠。此外，列植于园路的两旁，形成甬道，亦极为壮观。它与南洋杉、日本金松同为世界著名的三大观赏树种，雪松还有“树木皇后”之美称。

C 雪松油有何用途？

雪松木中含有非常丰富的精油，可以经由蒸馏的方式将其从木片或木屑中萃取出来。药疗用途的历史很久远，最早可以追溯到圣经时代。古埃及人将雪松油添加在化妆品中用来美容，也当作驱虫剂使用。美国的原住民也将雪松当作药疗及净化仪式使用的圣品。经蒸馏还可得芳香油，能滋养肌肤。

D 雪松有何象征意义？

象征高洁、积极向上、不屈不挠。

叶针形

油松

植物小档案

植物"名牌"：油松（别名短叶松、短叶马尾松），松科松属。

一眼认识你：常绿乔木，高达30米，胸径可达1米。树皮下部灰褐色，裂成不规则鳞块。大枝平展或斜向上，老树平顶；小枝粗壮，雄球花柱形，长1.2～1.8厘米，聚生于新枝下部呈穗状；球果卵形或卵圆形，长4～7厘米。种子长6～8毫米，连翅长1.5～2.0厘米，翅为种子长的2～3倍。花期5月，球果第二年10月上、中旬成熟。

生于何方：中国特有树种，产于中国吉林南部、辽宁、河北、河南、山东、山西、内蒙古、陕西、甘肃、宁夏、青海及四川等省区，生于海拔100～2600米地带，多组成单纯林。其垂直分布由东到西、由北到南逐渐增高。辽宁、山东、河北、山西、陕西等省有人工林。

植物情报局

这种植物在园林绿化中有什么应用价值?

松树树干挺拔苍劲，四季常青，不畏风雪严寒。油松的主干挺直，分枝弯曲多姿，树冠层次有别，树色变化多。在古典园林中作为主要景物，一株即成一景者极多，三五株组成美丽景物者更多。其他作为配景、背景、框景等配植方法屡见不鲜。在园林配植中，除了适于作独植、丛植、纯林群植外，亦宜混交种植。

油松有何经济用途?

油松木材富含松脂，耐腐，适作建筑、家具、枕木、矿柱、电杆、人造纤维等用材。树干可割取松脂，提取松节油，树皮可提取栲胶，松节、针叶及花粉可入药，亦可采松脂供工业用。

油松和马尾松有何区别?

油松的针较粗硬，长不过10～15厘米，球果的种鳞有刺尖；马尾松的针叶细弱，较长，长12～20厘米，球果的种鳞无刺尖。油松花粉的颜色为金黄色，马尾松花粉的颜色为淡黄色。

叶钻形
铺地柏

植物“名牌”：铺地柏（别名爬地柏、匍地柏），柏科圆柏属。

一眼认识你：常绿匍匐小灌木，高达75厘米，冠幅逾2米。枝干贴近地面伸展，褐色，小枝密生。枝梢及小枝向上斜展。叶均为刺形叶，先端尖锐，3叶交叉互轮生，条状披针形，先端渐尖成角质锐尖头，长6～8毫米，上面凹，表面有2条白色气孔带，下面基部有二个白粉气孔，气孔带常在上部汇合，绿色中脉仅下部明显，不达叶之先端，下面凸起，蓝绿色，沿中脉有细纵槽。叶基下延生长；球果近球形，被白粉，成熟时黑色，径8～9毫米，有2～3粒种子；种子长约4毫米，有棱脊。

生于何方：原产日本。在中国黄河流域至长江流域广泛栽培。

植物情报局

A 铺地柏可以制作盆景吗?

铺地柏枝叶翠绿，蜿蜒匍匐，四季均宜观赏。以春季嫩绿新枝叶抽生时观赏效果最佳。在生长期不宜长期放置室内。铺地柏易造型，可制作成横展对称式盆景，置于庭院或会客室中，以供欣赏。

B 这种植物在园林绿化中有什么应用价值?

在园林中可配植于岩石园或草坪角隅，也是缓土坡的良好地被植物，亦经常盆栽观赏。铺地柏盆景可对称地陈放在厅室几座上，也可放在庭院台坡上或门廊两侧，枝叶翠绿，婉蜒匍匐，颇为美观。在春季抽生新枝叶时，观赏效果最佳。生长季节不宜长时间放在室内，可移放在阳台或庭院中。

C 日本庭院“流枝”技法是用什么植物?

日本庭院中在水面上的传统配植技法“流枝”，即用本种造成。有‘银枝’‘金枝’及‘多枝’等栽培变种。

叶钻形

柳杉

近似种：千头柳杉

植物“名牌”：柳杉（别名长叶孔雀松），杉科柳杉属。

一眼认识你：乔木，高达40米，胸径可达2米多。树皮红棕色，纤维状，裂成长条片脱落；大枝近轮生，平展或斜展；小枝细长，常下垂，绿色，枝条中部的叶较长，常向两端逐渐变短。叶钻形略向内弯曲，先端内曲，四边有气孔线。雄球花单生叶腋，长椭圆形；雌球花顶生于短枝上。球果圆球形或扁球形，径1.2～2厘米，多为1.5～1.8厘米。花期4月，球果10月成熟。

生于何方：为中国特有树种，分布于长江流域以南至广东、广西、云南、贵州、四川等地。在江苏南部、浙江、安徽南部、河南、湖北、湖南、四川、贵州、云南、广西及广东等地均有栽培。

植物情报局

A 这种植物在园林绿化中有什么应用价值？

常绿乔木，树姿秀丽，纤枝略垂，树形圆整高大，树姿雄伟，最适于列植、丛植，或于风景区内大面积群植成林，是一个良好的绿化和环保树种。浙江天目山的大树华盖景观主要由柳杉形成，从山脚禅源寺到开山老殿，沿途柳杉保存完好，胸径在1米以上的就有近400株。在庭院和公园中，可于前庭、花坛中孤植或草地中丛植。柳杉枝叶密集，又耐阴，也是适宜的高篱材料，可供隐蔽和防风之用。此外，在江南，柳杉自古以来常用为墓道树。

近似种：日本柳杉

B 柳杉和同属植物日本柳杉有何区别？

柳杉叶先端向内弯曲，种鳞较少，20片左右，苞鳞的尖头和种鳞先端的裂齿较短，裂齿长2～4毫米，每种鳞有2粒种子；日本柳杉叶直伸，先端通常不内曲，种鳞20～30片，苞鳞的尖头和种鳞先端的裂齿较长，裂齿长6～7毫米，每种鳞有2～5粒种子。

C 柳杉有何功效？

柳杉有解毒、杀虫、止痒的功效。

第二部分
复叶

单身复叶

枳

植物小档案

近似种：富民枳

植物“名牌”：枳（别名枳壳、枸橘），芸香科枳属。

一眼认识你：小乔木，株高1～5米不等，树冠伞形或圆头形。枝绿色，嫩枝扁，有纵棱，刺长达4厘米，刺尖干枯状，红褐色，基部扁平。叶柄有狭长的翼叶，通常指状3出叶，很少4～5小叶，或杂交种除3小叶外尚有2小叶或单小叶同时存在，小叶等长或中间的一片较大。花单朵或成对腋生，一般先叶开放，也有先叶后花的，有完全花及不完全花；花瓣白色，匙形。果近圆球形或梨形。花期5～6月，果期10～11月。

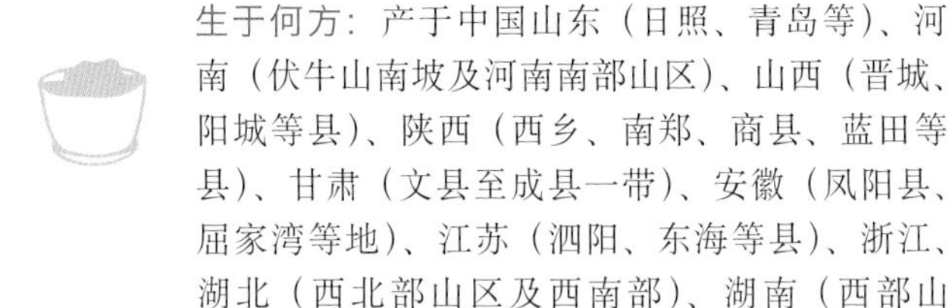

生于何方：产于中国山东（日照、青岛等）、河南（伏牛山南坡及河南南部山区）、山西（晋城、阳城等县）、陕西（西乡、南郑、商县、蓝田等县）、甘肃（文县至成县一带）、安徽（凤阳县、屈家湾等地）、江苏（泗阳、东海等县）、浙江、湖北（西北部山区及西南部）、湖南（西部山区）、江西、广东（北部）、广西（北部）、贵州、云南等地。

A 这种植物名称的由来?

枳的名称，最早见于《周礼》(战国后期，约公元前3世纪)“橘逾淮而北为枳，……此地气然也”。也见于《山海经》的北山经“北狱之山，多枳棘刚木”。

B 这种植物在园林绿化中有什么应用价值?

枝条绿色而多刺，花于春季先叶开放，秋季黄果累累，可观花观果观叶。在园林中多栽作绿篱或者作屏障树，耐修剪，可整形为各式篱垣及洞门形状，既有分隔园地的功能又有观花赏果的效果，是良好的观赏树木之一。

C 这种植物有何功效?

枳性温，味苦，辛，无毒。可舒肝止痛，破气散结，消食化滞，除痰镇咳。

近似种：云实

偶数羽状

刺槐

植物小档案

植物“名牌”：刺槐（别名洋槐），豆科刺槐属。

一眼认识你：落叶乔木，高10～25米。树皮灰褐色至黑褐色，浅裂至深纵裂，稀光滑。羽状复叶长10～40厘米；叶轴上面具沟槽；小叶2～12对，常对生，椭圆形、长椭圆形或卵形，长2～5厘米，宽1.5～2.2厘米，先端圆，微凹，具小尖头，基部圆至阔楔形，全缘。总状花序腋生，长10～20厘米，下垂，花多数，芳香；花冠白色。荚果褐色，或具红褐色斑纹，线状长圆形，扁平，先端上弯，具尖头，果颈短，沿腹缝线具狭翅。花期4～6月，果期8～9月。

生于何方：原产美国。北纬23°～46°、东经86°～124°都有栽培。17世纪传入欧洲及非洲。中国于18世纪末从欧洲引入青岛栽培，现中国各

地广泛栽植。在黄河流域、淮河流域多集中连片栽植，生长旺盛。在华北平原，垂直分布在400～1200米之间。甘肃、青海、内蒙古、新疆、山西、陕西、河北、河南、山东等地均有栽培。

A 这种植物在园林绿化中有什么应用价值？

刺槐树冠高大，叶色鲜绿，每当开花季节绿白相映，素雅而芳香，可作为行道树、庭荫树、工矿区绿化及荒山荒地绿化的先锋树种。对二氧化硫、氯气、光化学烟雾等的抗性都较强，还有较强的吸收铅蒸气的能力。冬季落叶后，枝条疏朗向上，很像剪影，造型有国画韵味。

B 这种植物有何经济价值？

材质硬重，抗腐耐磨，宜作枕木、车辆、建筑、矿柱等多种用材；生长快，萌芽力强，是速生薪炭林树种，又是优良的蜜源植物；叶含粗蛋白，可做饲料；种子榨油供做肥皂及油漆原料。

C 刺槐花可以吃吗？

刺槐花有炒、做馅等多种食用方法，含有丰富的蛋白质、脂肪、糖、多种维生素、矿物质、刀豆酸、黄酮类等，所含的花粉营养成分更佳。但误以洋槐幼芽及幼叶作副食品，可因机体对洋槐过敏，或烹调不当，或食用过多，以及食后再经日光照射等因素而发生中毒。

偶数羽状

合欢

植物小档案

植物“名牌”：合欢（别名马缨花、绒花树），豆科合欢属。

一眼认识你：落叶乔木。夏季开花，头状花序，合瓣花冠，雄蕊多条，淡红色。荚果条形，扁平，不裂。高4～15米。树冠开展；小枝有棱角，嫩枝、花序和叶轴被茸毛或短柔毛。托叶线状披针形。头状花序于枝顶排成圆锥花序，花粉红色，花萼管状。花期6月，果期8～10月。

生于何方：原产美洲南部，朝鲜、日本、越南、泰国、缅甸、印度、伊朗及非洲东部也有分布。中国黄河流域至珠江流域各地亦有分布。分布于华东、华南、西南以及辽宁、河北、河南、陕西等省。

植物情报局

合欢是中国哪个市的市花？

1993年5月经威海市人大常委会确定，威海市市树为合欢。

B 这种植物在园林绿化中有什么应用价值？

合欢树形姿势优美，叶形雅致，盛夏绒花满树，有色有香，能形成轻柔舒畅的气氛，宜作庭荫树、行道树，种植于林缘、房前、草坪、山坡等地。是行道树、庭荫树、四旁绿化和庭园点缀的观赏佳树。

C 合欢有何功效？

合欢花含有合欢苷、鞣质，可解郁安神，理气开胃，活络止痛，用于心神不安、忧郁失眠。治郁结胸闷、失眠、健忘、风火眼，能安五脏，和心志，悦颜色，有较好的强身、镇静、安神、美容的作用，也是治疗神经衰弱的佳品。

D 合欢有何寓意？

合欢花在中国是吉祥之花，自古以来人们就有在宅第园池旁栽种合欢树的习俗，寓意夫妻和睦，家人团结，对邻居心平气和，友好相处。清人李渔说："萱草解忧，合欢蠲忿，皆益人情性之物，无地不宜种之。……凡见此花者，无不解愠成欢，破涕为笑，是萱草可以不树，而合欢则不可不栽。"合欢花的小叶朝展暮合，古时夫妻争吵，言归于好之后，共饮合欢花沏的茶。人们也常常将合欢花赠送给发生争吵的夫妻，或将合欢花放置在他们的枕下，祝愿他们和好如初，生活美满。朋友之间如发生误会，也可互赠合欢花，寓意消怨和好。

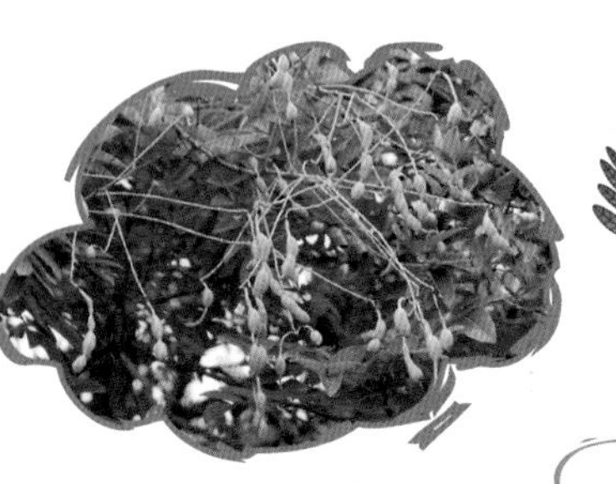

偶数羽状

槐

植物小档案

植物“名牌”：槐（别名国槐、槐树），豆科槐属。

一眼认识你：落叶乔木，高达25米。当年生枝绿色，无毛。羽状复叶长达25厘米；叶轴初被疏柔毛，旋即脱净；叶柄基部膨大，包裹着芽；托叶形状多变，有时呈卵形，叶状，有时线形或钻状，早落；小叶4～7对，对生或近互生，纸质，卵状披针形或卵状长圆形。圆锥花序顶生，常呈金字塔形；花冠白色或淡黄色，旗瓣近圆形。荚果串珠状。花期6～7月，果期8～10月。

生于何方：中国北部较集中，辽宁、广东、台湾、甘肃、四川、云南也广泛种植。

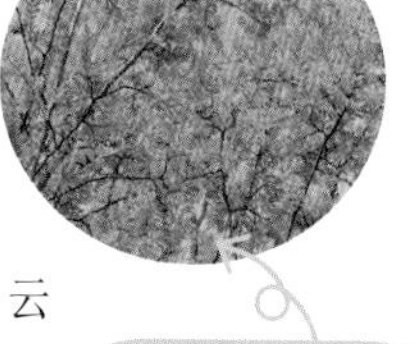

栽培品种：金枝槐

植物情报局

槐树在中国古代有何象征意义？

槐树是古代三公宰辅之位的象征。古代汉语中槐官相连，如槐鼎，比喻三公或三公之位，亦泛指执政大臣；槐位，指三公之位；槐卿，指三公九卿；

槐府，是指三公的官署或宅第；槐第，是指三公的宅第。同时也是科第吉兆的象征。唐代开始，科举考试关乎读书士子的功名利禄、荣华富贵，能借此阶梯而上，博得三公之位，是他们的最高理想。因此，常以槐指代科考，考试的年头称槐秋，举子赴考称踏槐，考试的月份称槐黄。此外，槐树还具有是古代迁民怀祖的寄托、吉祥和祥瑞的象征等文化意义。

B 为什么要指桑骂槐？

因为槐在古代是官府和权贵的象征，老百姓敢怒不敢言，只能迁怒于桑，所以有指桑骂槐之说。另外，槐树之所以叫槐树，是因为槐树乃木中之鬼。相传槐树长在坟地里的最盛，古人因此称之为“鬼树”。

C 槐在古代为何有“玉树”之称？

古代就有玉树临风的成语，寓意俊才与美好；南朝陈后主陈叔宝也有《玉树后庭花》的宫体诗。槐当年生枝绿色，宛若碧玉，因观赏价值高，有“玉树”之称。

偶数羽状

香椿

植物“名牌”：香椿（别名香椿子、香椿芽），楝科香椿属。

一眼认识你：落叶乔木。树皮粗糙，深褐色，片状脱落。叶具长柄，偶数羽状复叶，长30～50厘米或更长；小叶16～20片，对生或互生，纸质，卵状披针形或卵状长椭圆形，长9～15厘米，宽2.5～4厘米。圆锥花序与叶等长或更长，被稀疏的锈色短柔毛或有时近无毛，小聚伞花序生于短的小枝上，多花；花瓣5，白色，长圆形。蒴果狭椭圆形，长2～3.5厘米，深褐色，有小而苍白色的皮孔，果瓣薄；种子基部通常钝，上端有膜质的长翅，下端无翅。花期6～8月，果期10～12月。

生于何方：原产中国中部和南部。东北自辽宁南部，西至甘肃，北起内蒙古南部，南到广东、广西，西南至云南均有栽培。其中尤以山东、河南、河北栽植最多。河南信阳地区有较大面积的人工林。陕西秦岭和甘肃小陇山有天然分布。

植物情报局

A 香椿为何被称为“树上蔬菜”？

香椿被称为“树上蔬菜”，人们常食用香椿树的嫩芽。每年春季谷雨前后，香椿发的嫩芽可做成各种菜肴。它不仅营养丰富，且具有较高的药用价值。香椿叶厚芽嫩，绿叶红边，犹如玛瑙、翡翠，香味浓郁，营养之丰富远高于其他蔬菜，为宴宾之名贵佳肴。

B 香椿为何被称为“中国的桃花心木”？

香椿木材黄褐色而具红色环带，纹理美丽，质坚硬，有光泽，耐腐力强，不翘，不裂，不易变形，易施工，为家具、室内装饰品及造船的优良木材，素有“中国桃花心木”之美誉。

C 香椿品种如何分类？

香椿品种很多，根据香椿初出芽苞和子叶的颜色不同，基本上可分为紫香椿和绿香椿两大类。属紫香椿的有黑油椿、红油椿、焦作红香椿、西牟紫椿等品种。属绿香椿的有青油椿、黄罗伞等品种。香椿品种不同，其特征与特性也不同。紫香椿一般树冠都比较开阔，树皮灰褐色，芽孢紫褐色，初出幼芽紫红色，有光泽，香味浓，纤维少，含油脂较多；绿香椿，树冠直立，树皮青色或绿褐色，香味稍淡，含油脂较少。

偶数羽状

皂荚

植物小档案

植物“名牌”：皂荚（别名皂荚树、皂角），豆科皂荚属。

一眼认识你：落叶乔木，高可达30米。刺粗壮，圆柱形，常分枝，多呈圆锥状，长达16厘米。叶为一回羽状复叶，边缘具细锯齿，上面被短柔毛，下面中脉上稍被柔毛；网脉明显，在两面凸起；小叶柄被短柔毛。花杂性，黄白色，组成总状花序；花序腋生或顶生。荚果带状，劲直或扭曲，果肉稍厚，两面臌起，或有的荚果短小，多少呈柱形，弯曲作新月形，通常称猪牙皂，内无种子；果颈长1～3.5厘米；果瓣革质，褐棕色或红褐色，常被白色粉霜；种子多颗，长圆形或椭圆形，棕色，光亮。花期3～5月，果期5～12月。

生于何方：产于中国河北、山东、河南、山西、陕西、甘肃、江苏、安徽、浙江、江西、湖南、湖北、福建、广东、广西、四川、贵州、云南等省区。生于山坡林中或谷地、路旁，海拔自平地至2500米。常栽培于庭院或宅旁。

皂荚为什么能洗衣服?

根据科学测定，皂荚含有皂苷成分，有表面活性剂一样的性能：起泡、去污、乳化，并且比真正的肥皂耐硬水，不含碱性，对丝毛织物无损伤。这比化学洗涤剂更有优势，非常原生态。

这种植物在园林绿化中有什么应用价值?

皂荚树为生态经济型树种，耐旱节水，根系发达，可用做防护林和水土保持林。皂荚树耐热、耐寒抗污染，可用于城乡景观林、道路绿化。皂荚树具有固氮、适应性广、抗逆性强等综合价值，是退耕还林的首选树种。用皂荚营造草原防护林能有效防止牧畜破坏，是林牧结合的优选树种。

皂荚有何经济用途?

皂荚树的荚果、种子、枝刺等均可入药。荚果入药可祛痰、利尿，种子入药可治癣和通便秘，皂刺入药可活血并治疮癣。

偶数羽状

枫杨

植物“名牌”：枫杨（别名枰柳、麻柳），胡桃科枫杨属。

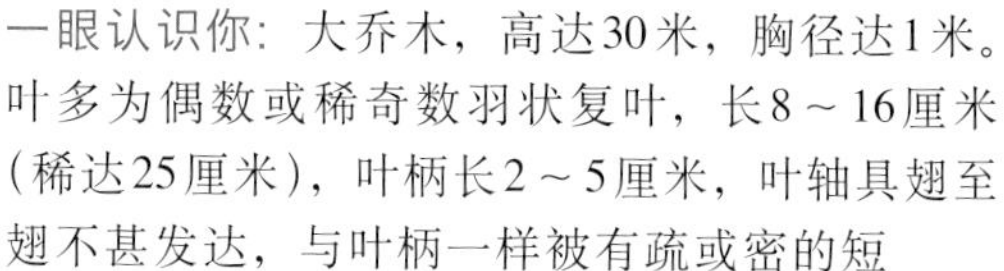

一眼认识你：大乔木，高达30米，胸径达1米。叶多为偶数或稀奇数羽状复叶，长8～16厘米（稀达25厘米），叶柄长2～5厘米，叶轴具翅至翅不甚发达，与叶柄一样被有疏或密的短毛；小叶10～16枚（稀6～25枚），无小叶柄，对生或稀近对生，长椭圆形至长椭圆状披针形。雄性葇荑花序长约6～10厘米，单独生于去年生枝条上叶痕腋内，花序轴常有稀疏的星芒状毛。雌性葇荑花序顶生，长约10～15厘米。果序长20～45厘米，果序轴常被有宿存的毛。果实长椭圆形，长约6～7毫米，基部常有宿存的星芒状毛；果翅狭，条形或阔条形。花期4～5月，果熟期8～9月。

生于何方：产于中国陕西、河南、山东、安徽、江苏、浙江、江西、福建、台湾、广东、广西、湖南、湖北、四川、贵州、云南，在长江流域和淮河流域最为常见，华北和东北仅有栽培。生于海拔1500米以下的沿溪涧河滩、阴湿山坡地的林中。朝鲜半岛亦有分布。

植物情报局

A 这种植物在园林绿化中有什么应用价值?

枫杨树冠广展，枝叶茂密，生长快速，根系发达，为河床两岸低洼湿地的良好绿化树种，还可防治水土流失。枫杨既可以作为行道树，也可成片种植或孤植于草坪及坡地，均可形成一定景观。

B 这种植物有何功效?

枫杨树皮名枫柳皮，叶名麻柳叶。可祛风止痛、杀虫、敛疮。

C 枫杨为什么不宜种植在鱼塘边?

枫杨其树叶有毒，可入药。同时，枫杨对二氧化硫、氯气等化学气体的抗性强。因其树叶有毒，故不宜在鱼塘附近种植。

奇数羽状

白蜡树

植物小档案

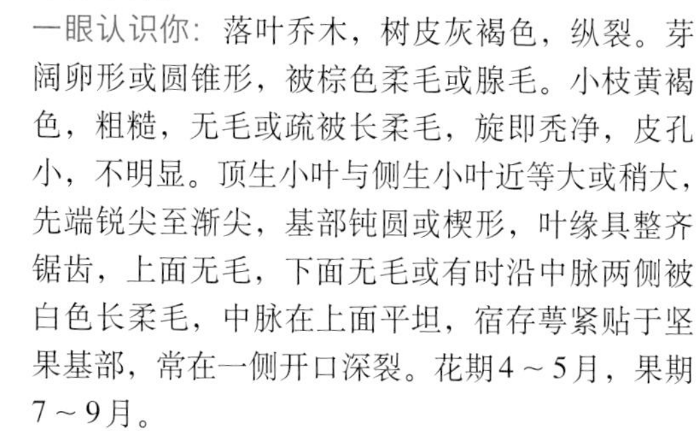

植物“名牌”：白蜡树（别名白荆树、蜡条），木犀科梣属。

一眼认识你：落叶乔木，树皮灰褐色，纵裂。芽阔卵形或圆锥形，被棕色柔毛或腺毛。小枝黄褐色，粗糙，无毛或疏被长柔毛，旋即秃净，皮孔小，不明显。顶生小叶与侧生小叶近等大或稍大，先端锐尖至渐尖，基部钝圆或楔形，叶缘具整齐锯齿，上面无毛，下面无毛或有时沿中脉两侧被白色长柔毛，中脉在上面平坦，宿存萼紧贴于坚果基部，常在一侧开口深裂。花期4～5月，果期7～9月。

生于何方：产于中国南北各省区。多为栽培，也见于海拔800～1600米山地杂木林中。越南、朝鲜也有分布。白蜡树最迟于18世纪末期已引入印度、日本以及美国，欧洲也引入栽培。

白蜡树名称由来？

本种在我国栽培历史悠久，分布甚广。主要经济用途为放养白蜡虫生产白蜡，尤以西南各省栽培最盛。可制蜡烛或药丸外壳，又可用来涂蜡烛、封闭容器等。

这种植物在园林绿化中有什么应用价值？

该树种形体端正，树干通直，枝叶繁茂而鲜绿，秋叶橙黄，是优良的行道树、庭院树、公园树和遮阴树，也可用于湖岸绿化和工矿区绿化。

这种植物有哪些“近亲”？

白蜡树属于梣属，该属约61余种，大多数分布在北半球暖温带，少数伸展至热带森林中。我国产27种，1变种，其中1种系栽培，广布于南北两地。包括许多经济价值很高的乔灌木，有许多质地优良的用材树种以及绿化、观赏树种。该属中的水曲柳是著名的商品木材，为我国东北主要的造林树种之一，水曲柳的材质也很优良，环孔材，晚材管孔略小，轴向薄壁组织明显，木射线在弦向作不清晰的带状，木材结构粗、纹理直不均匀，材质硬而重，边材不耐干缩，常作某些特殊用途，如工具柄、枕木、胶合板以及机械和家具的弯曲部件与座板。

奇数羽状

臭椿

植物小档案

植物“名牌”：臭椿（别名臭椿皮、大果臭椿），苦木科臭椿属。

一眼认识你：落叶乔木，高可达20余米。树皮平滑而有直纹。嫩枝有髓，幼时被黄色或黄褐色柔毛，后脱落。叶为奇数羽状复叶，长40～60厘米，叶柄长7～13厘米，有小叶13～27片，小叶对生或近对生，纸质，卵状披针形，长7～13厘米，宽2.5～4厘米，先端长渐尖，基部偏斜，截形或稍圆，两侧各具1或2个粗锯齿，齿背有腺体1个，叶面深绿色，背面灰绿色，揉碎后具臭味。圆锥花序长10～30厘米；花淡绿色。翅果长椭圆形，长3～4.5厘米，宽1～1.2厘米；种子位于翅的中间，扁圆形。花期4～5月，果期8～10月。

生于何方：分布于中国北部、东部及西南部，东南至台湾省。中国除黑龙江、吉林、新疆、青海、宁夏、甘肃和海南外，各地均有分布。向北直到辽宁南部，共跨22个省区，以黄河流域为分布中心。世界各地广为栽培。

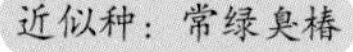

近似种：常绿臭椿

A 臭椿为什么在北方地区栽培广泛？

臭椿是中国北部地区黄土丘陵、石质山区主要造林先锋树种，臭椿生长迅速，适应性强、容易繁殖，病虫害少，材质优良，用途广泛，同时耐干旱、瘠薄。同时是工矿区绿化的良好树种，臭椿具有较强的抗烟能力，对二氧化硫、氯气、氟化氢、二氧化氮的抗性极强，而二氧化硫、氯气、氟化氢、二氧化氮是工矿区的主要排放物。

B 这种植物在园林绿化中有什么应用价值？

臭椿树干通直高大，春季嫩叶紫红色，秋季红果满树，是良好的观赏树和行道树。可孤植、丛植或与其他树种混栽，适宜于工厂、矿区等绿化。枝叶繁茂，春季嫩叶紫红色，秋季满树红色翅果，颇为美观，在印度、英国、法国、德国、意大利、美国等国常常作为行道树，颇受赞赏而成为天堂树。

C 臭椿有何功效？

臭椿树皮、根皮、果实均可入药，具有清热燥湿、收涩止带、止泻、止血之功效。

D 香椿和臭椿如何区别？

香椿与臭椿虽然属于两个不同的科，但两者的形态比较相像，容易把两个树种混淆。臭椿为奇数羽状复叶，香椿一般为偶数（稀为奇数）羽状复叶；臭椿叶子有异臭，香椿叶子有较浓的香味；臭椿树干表面较光滑，不裂，香椿树干则常呈条块状剥落；臭椿果实为翅果，香椿果实为蒴果；观察叶痕，臭椿维管束为9个，香椿为5个。

奇数羽状

大丽花

植物小档案

植物“名牌”：大丽花（别名大理花、东洋菊），菊科大丽花属。

一眼认识你：多年生草本，有巨大棒状块根。茎直立，多分枝，高1.5～2米，粗壮。叶1～3回羽状全裂，上部叶有时不分裂，裂片卵形或长圆状卵形，下面灰绿色，两面无毛。头状花序大，有长花序梗，常下垂，宽6～12厘米。总苞片外层约5个，卵状椭圆形，叶质，内层膜质，椭圆状披针形。舌状花1层，白色、红色，或紫色，常卵形，顶端有不

明显的3齿，或全缘；管状花黄色，有时在栽培种全部为舌状花。瘦果长圆形，长9～12毫米，宽3～4毫米，黑色，扁平，有2个不明显的齿。花期6～12月，果期9～10月。

生于何方：原产墨西哥，是全世界栽培最广的观赏植物，20世纪初引入中国，现在多个省区均有栽培。

这种植物在园林绿化中有什么应用价值？

大丽花之所以被称为世界名花之一，主要是因为它的花期长、花径大、花朵多。在北方地区，花期从5月至11月中旬，在温度适宜条件下可周年开花不断，以秋后开花最盛。精品大丽花最大花径可达到30～40厘米，是目前花卉中独一无二的。花色有红、紫、白、黄、橙、墨、复色七大色系，花朵有单瓣和重瓣，单瓣花朵开放时间短些，重瓣花朵开放时间较长，以色彩瑰丽，花朵优美而闻名，因此大丽花适宜花坛、花径或庭前丛植，矮生品种可作盆栽。

大丽花品种群如何划分？

大丽花栽培品种繁多，全世界约3万种。按花朵的大小划分为：大型花（花径20.3厘米以上）、中型花（花径10.1～20.3厘米）、小型花（花径10.1厘米以下）等三种类型。按花朵形状划分为葵花型、兰花型、装饰型、圆球型、怒放型、银莲花型、双色花型、芍药花型、仙人掌花型、波褶型、双重瓣花型、重瓣波斯菊花型、莲座花型和其他花型等11种花型。它们的颜色，不仅有

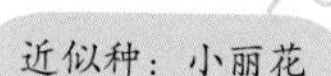
近似种：小丽花

红、黄、橙、紫、淡红和白色等单色，还有多种更为绚丽的色彩。

C 大丽花的花语是什么？

大丽花的花语是大吉大利，也有感激、新鲜、新颖、新意的寓意。

D 大丽花是哪些国家的国花、省花、市花？

大丽花是墨西哥的国花，是美国西雅图的市花，也是中国吉林省的省花，还是河北省张家口市、甘肃武威市和内蒙古赤峰市的市花。

近似种：小丽花

奇数羽状复羽叶栾树

植物“名牌”：复羽叶栾树（别名灯笼树、摇钱树），无患子科栾树属。

一眼认识你：乔木，高可达20余米。叶平展，二回羽状复叶，长45～70厘米。叶轴和叶柄向轴面常有一纵行皱曲的短柔毛。小叶9～17片，互生，很少对生，纸质或近革质，斜卵形，长3.5～7厘米，宽2～3.5厘米，顶端短尖至短渐尖，基部阔楔形或圆形，略偏斜，边缘有内弯的小锯齿。圆锥花序大型，长35～70厘米，分枝广展，与花梗同被短柔毛。蒴果椭圆形或近球形，具3棱，淡紫红色，老熟时褐色，长4～7厘米，宽3.5～5厘米，顶端钝或圆；有小凸尖，果瓣椭圆形至近圆形，外面具网状脉纹，内面有光泽；种子近球形，直径5～6毫米。花期7～9月，果期8～10月。

生于何方：产于中国云南、贵州、四川、湖北、湖南、广西、广东等省区。生于海拔400～2500米的山地疏林中。

植物情报局

A 这种植物在园林绿化中有什么应用价值？

春季嫩叶多呈红色，夏叶羽状浓绿色，秋叶鲜黄色，花黄满树，国庆节前后其蒴果的膜质果皮膨大如小灯笼，鲜红色，成串挂在枝顶，如同花朵。有较强的抗烟尘能力，是城市绿化理想的观赏树种。

B 栾树“滴油”是怎么回事？

3～5月，栾树长新叶的时候，走在栾树下会看到地面上有一层黑色的油状物，严重时会粘鞋，其实这是蚜虫的分泌物“蜜露”，因为含有糖分，所以摸起来很黏腻。这分泌物虽让人生厌，但对人体无害，而且蚜虫用药很容易消灭。

C 复羽叶栾树为何又叫“国庆树”？

因栾树在国庆期间盛开，故又叫国庆树。花开时节，花果同挂枝头，满树金黄色小花，鲜红色膜质果皮膨大如小灯笼，成串挂在枝顶，因此有“灯笼树”“摇钱树”的别称。

奇数羽状
华北珍珠梅

植物小档案

植物“名牌”：华北珍珠梅（别名吉氏珍珠梅、珍珠树），蔷薇科珍珠梅属。

一眼认识你：灌木，高达3米，枝条开展。羽状复叶，具有小叶片13～21，连叶柄在内长21～25厘米，宽7～9厘米，光滑无毛；小叶片对生，相距1.5～2厘米，披针形至长圆披针形，长4～7厘米，宽1.5～2厘米，先端渐尖，稀尾尖，基部圆形至宽楔形，边缘有尖锐重锯齿，上下两面均无毛或在脉腋间具短柔毛，羽状网脉，侧脉15～23对近平行，下面显著。顶生大型密集的圆锥花序，分枝斜出或稍直立，直径7～11厘米。长15～20厘米，无毛，微被白粉；花瓣倒卵形或宽卵形，先端圆钝，基部宽楔形；果梗直立。

花期6～7月，果期9～10月。

生于何方：产于中国河北、河南、山东、山西、陕西、甘肃、青海、内蒙古。生于山坡阳处、杂木林中，海拔200～1300米。

近似种：高丛珍珠植

A 为什么说华北珍珠梅具有良好的生态价值？

华北珍珠梅对烟尘、二氧化硫、硫化氢等有害气体有不同程度的吸收和抗性。能散发出挥发性的植物杀菌素，已知它对金黄葡萄球菌、绿脓杆菌的杀菌效果好，对于一般的土壤型抗酸结核杆菌也都具有非常突出的杀伤作用，而且效果稳定。

B 这种植物在园林绿化中有什么应用价值？

抗逆性强、美化环境。华北珍珠梅栽培容易，抗病虫害，萌蘖性强，生长快速，耐修剪。树姿秀丽，叶片幽雅，花序大而茂盛，小花洁白如雪而芳香，花期长，可达3个月，陆续开花，花蕾圆润如粒粒珍珠，花开似梅，是夏季优良的观花灌木，在园林绿化中可丛植或列植，适合与其他各种观赏植物搭配栽植，花序也可用作切花，具有很高的观赏价值，是美化、净化环境的优良观花树种。

C 如何区别华北珍珠梅和珍珠梅？

珍珠梅雄蕊40～50，长于花瓣，花柱顶生；华北珍珠梅雄蕊20，与花瓣等长或稍短，花柱稍侧生。

奇数羽状

黄刺玫

植物小档案

植物“名牌”：黄刺玫（别名黄刺莓、刺玫花），蔷薇科蔷薇属。

一眼认识你：直立灌木，高2～3米。枝粗壮，密集，披散；小枝无毛，有散生皮刺，无针刺。小叶7～13，连叶柄长3～5厘米；小叶片宽卵形或近圆形，稀椭圆形，先端圆钝。花单生于叶腋，重瓣或半重瓣，黄色，无苞片；花梗长1～1.5厘米，无毛，无腺；花直径3～5厘米；萼筒、萼片外面无毛，萼片披针形，全缘，先端渐尖，内面有稀疏柔毛，边缘较密；花瓣黄色，宽倒卵形，先端微凹，基部宽楔形；花柱离生，被长柔毛，稍伸出萼筒口外部，比雄蕊短很多。果近球形或倒卵圆形，紫褐色或黑褐色，直径8～10毫米，无毛。花期4～6月，果期7～8月。

生于何方：原产中国东北、华北至西北地区。

植物情报局

A 什么地方能看到这种植物？

我国华北地区栽培较多，在河南郑州市有大量应用。

B 这种植物在园林绿化中有什么应用价值？

黄刺玫是春末夏初的重要观赏花木，常作花篱或孤植于庭院或草坪之中。

C 这种植物果实能吃吗？

黄刺玫的果实是一种可食用的果类食材，这种果实中含有大量的水分和多种维生素以及人体所必须的微量元素，果实酸甜可口，还可制成果酱。花可提取芳香油。花、果药用，能理气活血、调经健脾，很受人们喜爱。

D 黄刺玫的花语是什么？

黄刺玫的花语是希望与你泛起激情的爱。正处于暗恋或者告白的单身男孩子们，如果不好意思向对方开口表达爱意的话，送一束黄刺玫是不错的选择。将充满爱意的黄刺玫赠送给对方，不仅体面，大气，还能够用含蓄的方式表达爱意，既避免了尴尬，又唯美浪漫。

奇数羽状
黄木香花

植物小档案

近似种：川滇蔷薇

植物“名牌”：黄木香花（别名黄木香、重瓣黄木香），蔷薇科蔷薇属。

一眼认识你：攀援小灌木，高可达6米。小枝圆柱形，无毛，有短小皮刺；老枝上的皮刺较大，坚硬，经栽培后有时枝条无刺。小叶3～5，稀7，连叶柄长4～6厘米；小叶片椭圆状卵形或长圆披针形，长2～5厘米，宽8～18毫米，先端急尖或稍钝，基部近圆形或宽楔形，边缘有紧贴细锯齿，上面无毛，深绿色，下面淡绿色，中脉突起，沿脉有柔毛；小叶柄和叶轴有稀疏柔毛和散生小皮刺；托叶线状披针形，膜质，离生，早落。花小形，多朵成伞形花序，花直径1.5～2.5厘米；花梗长2～3厘米，无毛；萼片卵形，先端长渐尖，全缘，萼筒和萼片外面均无毛，内面被白色柔毛；花黄色重瓣，倒卵形，先端圆，基部楔形；心皮多数，花柱离生，密被柔毛，比雄蕊短很多。花期4～5月。
生于何方：生溪边、路旁或山坡灌丛中，海拔500～1300米。产于中国江苏。

植物情报局

A 这种植物在园林绿化中有什么应用价值？

黄木香花开黄花时灿烂如锦秀，极为美丽。用于庭院花架，或攀援篱垣，或制成鲜花拱门，均是极佳的立体绿化植物。

B 黄木香花有何习性？

喜阳光充足、湿润的环境，耐半阴，亦耐旱。要求肥沃、深厚的土壤，生长期充分浇水，立支架以利其攀援生长，注意整形修剪。耐寒性稍差。一般不结实，播种很困难，多用扦插、压条、嫁接繁殖，于春、夏季进行。

C 黄木香花有何经济价值？

花含芳香油，供配制化妆品及皂用香精；根皮含鞣质，提制栲胶。

植物小档案

植物“名牌”：火炬树（别名鹿角漆、火炬漆），漆树科盐肤木属。

一眼认识你：落叶小乔木。高达12米。柄下芽。小枝密生灰色茸毛。奇数羽状复叶，小叶19～23片，长椭圆状至披针形，长5～13厘米，缘有锯齿，先端长渐尖，基部圆形或宽楔形，上面深绿色，下面苍白色，两面有茸毛，老时脱落，叶轴无翅。圆锥花序顶生、密生茸毛，花淡绿色，雌花花柱有红色刺毛。核果深红色，密生茸毛，花柱宿存、密集成火炬形。花期6～7月，果期8～9月。

生于何方：原产北美，现北方广泛栽培。

近似种：化香

A 火炬树可以"防火"吗？

火炬树不仅不会引"火"烧身，还可做防火树种。火炬树枝叶含水率分别为30%、62%，其含水量与木荷相差无几，在人为破坏及森林火灾后仍能以顽强的生命力而重获新生。

B 这种植物在园林绿化中有什么应用价值？

火炬树枝叶繁茂，能大量吸附大气中浮尘及有害物质，不受病虫危害。雌花序及果穗鲜红，夏秋缀于枝头，极为美丽；秋叶变红，十分鲜艳，极富观赏价值，是理想的园林风景造林用树种。

C 为什么说火炬树是入侵物种？

火炬树的快速繁殖，对其他物种高度排斥，可能造成高风险入侵，会危害农田、公路及排挤本地物种，影响本地生态系统。因此，要慎重引种火炬树，不宜大面积应用，要合理安排应用空间，并适时采取有效措施，防止其扩散、蔓延。

D 火炬树的花语是什么？

火炬木的花语是"我将于巨变中生还"，可以引申寓意为"浴火重生"。

奇数羽状
金露梅

植物“名牌”：金露梅（别名金腊梅、金老梅），蔷薇科委陵菜属。

一眼认识你：灌木，高可达2米，树皮纵向剥落。小枝红褐色，羽状复叶，叶柄被绢毛或疏柔毛；小叶片长圆形、倒卵长圆形或卵状披针形，两面绿色，托叶薄膜质，单花或数朵生于枝顶，花梗密被长柔毛或绢毛；萼片卵圆形，顶端急尖至短渐尖，花瓣黄色，宽倒卵形，顶端圆钝，比萼片长；花柱近基生，瘦果褐棕色近卵形。6～9月开花结果。

生于何方：产于中国黑龙江、吉林、辽宁、内蒙古、河北、山西、陕西、甘肃、新疆、四川、云南、西藏。生山坡草地、砾石坡、灌丛及林缘，海拔1000～4000米。该种广泛分布在北温带山区，亚洲、欧洲及美洲均有分布记录。

植物情报局

A 这种植物在园林绿化中有什么应用价值？

金露梅植株紧密，花色艳丽，花期长，为良好的观花树种，可配植于高山园或岩石园，也可栽作绿篱。

B 金露梅是哪个市的市花？

金露梅是拉萨市的市花，一些藏区所说的格桑花特指金露梅。金露梅广泛分布于北温带山区，是高寒城市绿化不错的选择。

C 金露梅有何药用价值？

叶清暑热、益脑清心、调经、健胃。

D 除药用外，金露梅在藏区还有何用途？

藏族人民广泛用金露梅作建筑材料，填充在屋檐下或门窗上下。

奇数羽状

楝

植物小档案

植物“名牌”：楝（别名紫花树、森树），楝科楝属。

一眼认识你：落叶乔木，高达10余米。叶为2～3回奇数羽状复叶，长20～40厘米；小叶对生，卵形、椭圆形至披针形，顶生一片通常略大，长3～7厘米，宽2～3厘米，先端短渐尖，基部楔形或宽楔形，多少偏斜。圆锥花序约与叶等长，花芳香；花瓣淡紫色，倒卵状匙形。核果球形至椭圆形。花期4～5月，果期10～12月。

生于何方：产于中国山东、河北、山西、陕西、甘肃、台湾、四川、云南、海南等省。国外分布东南亚地区、东亚、马来半岛、亚洲热带、亚洲亚热带、印度等地。

这种植物在园林绿化中有什么应用价值？

楝树耐烟尘，抗二氧化硫能力强，并能杀菌。适宜作庭荫树和行道树，是良好的城市及矿区绿化树种，楝与其他树种混栽，能起到对树木虫害的防治作用。在草坪中孤植、丛植或配植于建筑物旁都很合适，也可种植于水边、山坡、墙角等处。

为什么说楝花是二十四番花信风之尾？

楝花，始于暮春，收梢于初夏。《花镜》上说：“江南有二十四番花信风，梅花为首，楝花为终。”楝花是江南二十四番花信风之尾，楝花谢尽，花信风止，便是绿肥红瘦的夏天了。

楝有何功效？

楝味苦，性寒，有小毒，能疏肝泻火、行气止痛、杀虫，常用于肝气郁滞或肝胃不和所致的胁肋作痛，气血瘀滞的妇女行经腹痛等症。苦楝根皮及叶均可用于治疗湿热所致之皮肤湿痒、热痒、虫痒诸症，如湿疹、浸淫疮、脓包病、疥癣等。

奇数羽状

凌霄

植物"名牌"：凌霄（别名紫葳、五爪龙），紫葳科凌霄属。

一眼认识你：落叶攀援藤本，茎木质，表皮脱落，枯褐色，以气生根攀附于它物之上。叶对生，为奇数羽状复叶。顶生疏散的短圆锥花序。花萼钟状，花冠内面鲜红色，外面橙黄色。雄蕊着生于花冠筒近基部，花丝线形，细长。花药黄色，个字形着生。花柱线形，柱头扁平。蒴果顶端钝。花期5～8月。

生于何方：产于中国长江流域各地，以及河北、山东、河南、福建、广东、广西、陕西、台湾有栽培。在其他国家及地区，如日本、越南、印度及巴基斯坦西部均有栽培。

近似种：硬骨凌霄

这种植物在园林绿化中有什么应用价值？

凌霄干枝虬曲多姿，翠叶团团如盖，花大色艳，花期甚长，为庭园中棚架、花门之良好绿化材料；用于攀援墙垣、枯树、石壁，均极适宜；点缀于假山间隙，繁花艳彩，更觉动人；经修剪、整枝等栽培措施，可成灌木状栽培观赏。这种植物管理粗放、适应性强，是理想的城市垂直绿化材料。

凌霄在我国古代典籍中有何记载？

凌霄早在春秋时期的《诗经》里就有记载，当时人们称之为陵苕，“苕之华，芸其贵矣”说的就是凌霄。凌霄花之名始见于《唐本草》，该书在“紫葳”项下曰：“此即凌霄花也，及茎、叶具用。”

凌霄的花语是什么？

凌霄的花语是“声誉”。凌霄花是中国连云港市名花之一。千年古凤凰城——南城镇，素享“凌霄之乡”美誉。凌霄花寓意慈母之爱，经常与冬青、樱草放在一起，结成花束赠送给母亲，表达对母亲的热爱之情。

近似种：非洲凌霄

奇数羽状

毛洋槐

近似种：神黄豆

植物小档案

植物“名牌”：毛洋槐（别名红花槐、毛刺槐），豆科刺槐属。

一眼认识你：落叶灌木，高1～3米。幼枝绿色，密被紫红色硬腺毛及白色曲柔毛，二年生枝深灰褐色，密被褐色刚毛，毛长2～5毫米，羽状复叶长15～30厘米；叶轴被刚毛及白色短曲柔毛，上面有沟槽；小叶5～8对，椭圆形、卵形、阔卵形至近圆形。总状花序腋生，除花冠外，均被紫红色腺毛及白色细柔毛，花3～8朵；花冠红色至玫瑰红色，花瓣具柄，旗瓣近肾形。荚果线形，长5～8厘米，宽8～12毫米，扁平，密被腺刚毛，先端急尖，果颈短，有种子3～5粒。花期5～6月，果期7～10月。

生于何方：原产北美。中国北方栽培普遍。

植物情报局

这种植物在园林绿化中有什么应用价值？

毛洋槐花色浓艳，孤植、列植、丛植均佳，是小游园、公园不可多得的观赏树种。由于具备花开绵延不绝的特性，园林应用中毛刺槐可与不同季节开花的植物分别组景，构成稳定的底色或壮观的背景，又可当作园林中“花开三季”植物景观的主线，作为承前启后的纽带。前者常见其点植、丛植于疏林草坪之中，不加修剪，任其自由生长，形成自然开张的株形，展示繁花竞相招展于枝头的生命力。后者在园林绿化中，既可将其单株修剪成伞状树形，点缀于园林之中；又可大面积片植于高速公路或城市主干道两侧，形成均一壮观的花海；还可列植于园林道路两侧，构成半围合状态的私密空间，给漫步其中的游人提供阵阵花香，营造浪漫与幻想的气氛。

B 毛刺槐如何繁殖？

毛刺槐的繁殖大多使用刺槐为砧木进行嫁接，在春季发芽前，选择大规格健壮的刺槐，在一定高度进行截剪，将毛刺槐接穗削成楔形插入，皮层对合，用细塑料绳捆扎，套上塑料袋防止水分蒸发，萌芽后揭去。成活后，毛刺槐生长很快，树冠向外扩展呈伞形，第二年就能满树开花，十分美丽。毛刺槐还可一年开两次花，方法是在春天第一次谢花后，于6月上中旬把枝条的顶梢全部剪去，令其萌发新枝，7月初便可出现大量花蕾，之后二次开花。

C 为什么说毛刺槐在西部干旱城市应用前景广阔？

由于对高温、水涝的抗逆性较强，毛刺槐可应用的范围也较一般的节水耐旱植物更为广泛，在西部干旱城市，植物开花往往会给人们带来巨大的精神享受，而引进与种植更多的开花植物，力争做到“三季有花”，也成为该地区城市园林绿化建设的主题之一。

奇数羽状

玫瑰

植物小档案

植物“名牌”：玫瑰（别名刺玫花、徘徊花），蔷薇科蔷薇属。

一眼认识你：直立灌木，高可达2米。茎粗壮，丛生；小枝密被茸毛，并有针刺和腺毛，有直立或弯曲、淡黄色的皮刺，皮刺外被茸毛。小叶5～9，连叶柄长5～13厘米；小叶片椭圆形或椭圆状倒卵形。花单生于叶腋，或数朵簇生，苞片卵形，边缘有腺毛，外被茸毛；花直径4～5.5厘米；萼片卵状披针形，先端尾状渐尖，常有羽状裂片而扩展成叶状，上面有稀疏柔毛，下面密被柔毛和腺毛；花瓣倒卵形，重瓣至半重瓣，芳香，紫红色至白色。果扁球形，直径2～2.5厘米，砖红色，肉质，平滑，萼片宿存。花期5～6月，果期8～9月。

生于何方：原产中国华北以及日本和朝鲜。中国各地均有栽培。分布于亚洲东部地区、保加利亚、印度、俄罗斯、美国、朝鲜等地。

A 情人节送的是玫瑰还是月季？

在西方，玫瑰与月季通常都被称为rose，但在传入中国时，西方月季被翻译为玫瑰，而传统的月季品种被翻译为月季。月季一年多次开花，一般不具备浓郁的玫瑰花香或不具香气。即使是带有香气也与玫瑰的香气有明显的区别。月季花一般花朵大而鲜艳，枝刺较少。所以情人节作为鲜切花馈赠用的“玫瑰”鲜花和日常的盆栽玫瑰，一般都属于月季。

B 玫瑰油为何被称为“液体黄金”？

玫瑰为香料植物，从玫瑰花中提取的香料——玫瑰油，在国际市场上价格昂贵，所以有人称之为“液体黄金”。 玫瑰油成分纯净，气味芳香，一直是世界香料工业不可取代的原料，在欧洲多用于制造高级香水等化妆品。从玫瑰油废料中开发抽取的玫瑰水，因其不加任何添加剂和化学原料，是纯天然护肤品，具有极好的抗衰老和止痒作用。

C 玫瑰有何寓意？

在中国，玫瑰则因其枝茎带刺，被认为是刺客、侠客的象征。而在西方则把玫瑰花当作严守秘密的象征，做客时看到主人家桌子上方画有玫瑰，就明白在这桌上所谈的一切均不可外传。

奇数羽状

牡丹

植物小档案

植物“名牌”：牡丹（别名洛阳花、富贵花），芍药科芍药属。

一眼认识你：落叶灌木。茎高达2米；分枝短而粗。叶通常为二回三出复叶，偶尔近枝顶的叶为3小叶。花单生枝顶，直径10～17厘米；花梗长4～6厘米；苞片5，长椭圆形，大小不等；萼片5，绿色，宽卵形，大小不等；花瓣5，或为重瓣，玫瑰色、红紫色、粉红色至白色，通常变异很大，倒卵形，顶端呈不规则的波状；雄蕊长1～1.7厘米，花丝紫红色、粉红色，上部白色，长约1.3厘米，花药长圆形，长4毫米；花盘革质，杯状，紫红色，顶端有数个锐齿或裂片，完全包住心皮，在心皮成熟时开裂；心皮5，稀更多，密生柔毛。蓇葖长圆形，密生黄褐色硬毛。花期5月，果期6月。

生于何方：原产中国，南北均广泛栽培。

A 牡丹为何被称为“花中之王”？

唐代刘禹锡有诗曰：“庭前芍药妖无格，池上芙蕖净少情。唯有牡丹真国色，花开时节动京城。”在清末，牡丹就曾被当作中国的国花。1985年5月牡丹被评为中国十大名花第二名。牡丹有数千年的自然生长和1500多年的人工栽培历史。在中国栽培甚广，并早已引种到世界各地。牡丹花被拥戴为花中之王，有关牡丹的文化和绘画作品很丰富。

B 牡丹是哪些市的市花？

牡丹是中国洛阳、菏泽、彭州、铜陵、牡丹江市的市花。

C 牡丹花可以吃吗？

牡丹花可供食用。明代的《遵生八笺》载有“牡丹新落瓣也可煎食”，同是明代的《二如亭群芳谱》谓“牡丹花煎法与玉兰同，可食，可蜜浸”“花瓣择洗净拖面，麻油煎食至美”，中国不少地方有用牡丹鲜花瓣做牡丹羹，或配菜添色制作名菜的。牡丹花瓣还可蒸酒，制成的牡丹露酒口味香醇。

D 牡丹有何寓意？

牡丹花形宽厚，被称为百花之王，有圆满，浓情，富贵，雍容华贵之意。也寓意着生命、期待、淡淡的爱、用心付出、高洁、端庄秀雅、仪态万千、国色天香、守信。

奇数羽状

木香花

植物小档案

植物“名牌”：木香花（别名南木香、广木香），蔷薇科蔷薇属。

一眼认识你：攀援小灌木，高可达6米。小枝圆柱形，无毛，有短小皮刺；老枝上的皮刺较大，坚硬，经栽培后有时枝条无刺。小叶3～5，稀7，连叶柄长4～6厘米；小叶片椭圆状卵形或长圆披针形，长2～5厘米，宽8～18毫米，先端急尖或稍钝，基部近圆形或宽楔形。花小形，多朵成伞形花序，花直径1.5～2.5厘米；花梗长2～3厘米，无毛；萼片卵形，先端长渐尖，全缘，萼筒和萼片外面均无毛，内面被白色柔毛；花瓣重瓣至半重瓣，白色，倒卵形，先端圆，基部楔形；心皮多数，花柱离生，密被柔毛，比雄蕊短很多。花期4～5月。

生于何方：产自中国四川、云南。生溪边、路旁或山坡灌丛中，海拔500～1300米。全国各地均有栽培。

A 这种植物在园林绿化中有什么应用价值？

春末夏初，洁白或米黄色的花朵镶嵌于绿叶之中，散发出浓郁芳香，令人回味无穷；而到了夏季，其茂密的枝叶又为人遮去毒辣辣的烈日，带来阴凉。木香花是我国传统花卉，在园林绿化中应用也十分广泛。可攀援于棚架，也可作为垂直绿化材料，攀援于墙垣或花篱。

B 中药中的木香是木香花吗？

除供观赏外，木香花香味醇正，半开时可摘下薰茶，用白糖腌渍后制成木香花糖糕，可与玫瑰花糖糕媲美。而中药中的木香为菊科多年生草本植物，不是本种，也不能代用。

C 木香花有哪些相近种？

单瓣白木香，白色，单瓣，味香，果球形至卵球形，直径5～7毫米，红黄色至黑褐色，萼片脱落，此为木香花野生原始类型。黄木香，花黄色重瓣，无香味，大花白木香，攀援灌木，有稀疏皮刺，小叶片3，卵状披针形，托叶早落，花单生，白色重瓣，花梗被稀疏针刺。

奇数羽状

芍药

植物小档案

植物“名牌”：芍药（别名别离草、花中宰相），毛茛科芍药属。

一眼认识你：多年生草本。下部茎生叶为二回三出复叶，上部茎生叶为三出复叶，小叶狭卵形，椭圆形或披针形，顶端渐尖，基部楔形或偏斜，边缘具白色骨质细齿，两面无毛，背面沿叶脉疏生短柔毛。花数朵，生茎顶和叶腋，有时仅顶端一朵开放，而近顶端叶腋处有发育不好的花芽，直径8～11.5厘米，苞片4～5，披针形，大小不等；萼片4，宽卵形或近圆形，长1～1.5厘米，宽1～1.7厘米；花瓣9～13，倒卵形，长3.5～6厘米，宽1.5～4.5厘米，白色，有时基部具深紫色斑块。花期5～6月，果期8月。

生于何方：分布于中国东北、华北、陕西及甘肃南部。在东北分布于海拔480～700米的山坡草地及林下，在其他各省分布于海拔1000～2300米的山坡草地。在朝鲜、日本、蒙古及俄罗斯西伯利亚地区也有分布。在我国四川、贵州、安徽、山东、浙江等省及各城市公园也有栽培。

芍药有何功效？

芍药的根鲜脆多汁，可供药用。根据分析，芍药根含有芍药苷和安息香酸，用途因种而异。中医认为：中药里的白芍主要是指芍药的根，它具有镇痉、镇痛、通经作用。

B 这种植物在园林绿化中有什么应用价值?

芍药可做专类园、切花、花坛用花等，芍药花大色艳，观赏性佳，和牡丹搭配可在视觉效果上延长花期，因此常和牡丹搭配种植。

C 芍药有多少品种?

中国芍药品种很多，在晋代已有重瓣品种出现。品种分类，则始于宋代。当时对芍药的记载很多，品种大约有30多个，如宋代《芍药谱》记载31种；宋代《扬州芍药谱》记有34种。明代《鲜芳谱》记载芍药39种。清代《花镜》记载88种。清代乾隆年间，扬州芍药品种达100个以上，有‘杨妃吐艳’‘铁线紫’‘观音面’‘冰容’‘金

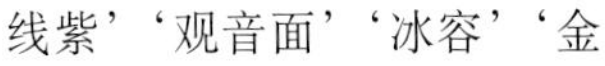

玉交辉’‘莲香白’‘胭脂点玉’‘紫金观’等。民国初年，上海一家私营花圃自称拥有400个品种，其中包括《花镜》所载的大部分，以及自己育成的新品种和进口的品种，但其中半数未正式起名。当今世界上，芍药品种已发展到1000个左右。

芍药和牡丹如何区分?

牡丹是落叶灌木，是木本植物；芍药是宿根块茎草本植物；牡丹叶片宽，正面绿色略呈黄色，而芍药叶片狭窄，正反面均为黑绿色。牡丹的花朵着生于花枝顶端，多单生，花径一般在20厘米左右；而芍药的花多于枝顶族生，花径在15厘米左右。牡丹一般在4月中下旬开花；而芍药则在5月上中旬开花，二者花期相差15天左右。

奇数羽状

十大功劳

植物“名牌”：十大功劳（别名猫刺叶、黄天竹），小檗科十大功劳属。

一眼认识你：常绿灌木，高0.5～4米。叶倒卵形至倒卵状披针形，长10～28厘米，宽8～18厘米，具2～5对小叶。总状花序4～10个簇生，长3～7厘米；花黄色；外萼片卵形或三角状卵形，长1.5～3毫米，宽约1.5毫米，中萼片长圆状椭圆形，长3.8～5毫米，宽2～3毫米，内萼片长圆状椭圆形，长4～5.5毫米，宽2.1～2.5毫米。浆果球形，直径4～6毫米，紫黑色，被白粉。花期7～9月，果期9～11月。

生于何方：产于中国广西、四川、贵州、湖北、江西、浙江等地。在日本、印度尼西亚和美国等地也有栽培。

植物情报局

十大功劳名称由来?

十大功劳，源于它在民间医疗保健中的重要功效，但其实，它的用途不仅仅十种。对它正确的理解应该是，这种植物的全株树、根、茎、叶均可入药，且药效卓著。

依照中国人凡事讲求好意头的习惯，便赋予它“十”这个象征完满的数字，“十大功劳”因此得名。

B 这种植物在园林绿化中有什么应用价值?

十大功劳开黄色花，果实成熟后呈蓝紫色，叶形秀丽，尖有刺。叶色艳美，外观形态雅致是观赏花木珍贵者。十大功劳枝干酷似南天竹，栽在房屋后，白粉墙调和感觉，庭院、园林围墙作为基础种植，颇为美观。在园林中可植为绿篱、果园、菜园的四角作为境界林，还可盆栽放在门厅入口处，会议室、招待所、会议厅，清幽可爱，作为切花更为独特。

C 十大功劳有何功效?

十大功劳味甘。根、茎性寒，味苦。含小檗碱、药根碱、木兰花碱等。有清热解毒、止咳化痰之功效。

近似种：
湖北十大功劳

奇数羽状

水曲柳

植物“名牌”：水曲柳（别名大叶梣、东北梣），木犀科梣属。

一眼认识你：落叶大乔木，高达30米以上，胸径达2米。羽状复叶；叶柄长6～8厘米，近基部膨大，干后变黑褐色；叶轴上面具平坦的阔沟，沟棱有时呈窄翅状，小叶着生处具关节，节上簇生黄褐色曲柔毛或秃净；小叶7～11枚，纸质，长圆形至卵状长圆形。圆锥花序生于枝上，先叶开放，长15～20厘米；花序梗与分枝具窄翅状锐棱；雄花与两性花异株，均无花冠也无花萼；雄花序紧密，花梗细而短，长3～5毫米，雄蕊2枚，花药椭圆形，花丝甚短，开花时迅速伸长；两性花序稍松散，花梗细而长。翅果大而扁，长圆形至倒卵状披针形。花期4月，果期8～9月。

生于何方：分布于朝鲜、日本、俄罗斯，以及中国的陕西、甘肃、湖北，东北、华北等地。

植物情报局

A 水曲柳木材有何特点？

水曲柳呈黄白色（边材）或褐色略黄（心材）。年轮明显但不均匀，木质结构粗，纹理直，无光泽，硬度较小。水曲柳具有弹性、韧性好、耐磨、耐湿等特点。但干燥困难，易翘曲。加工性能好，但应防止撕裂。切面光滑，胶黏性能好。

B 这种植物在园林绿化中有什么应用价值？

水曲柳树干通直，枝叶茂盛，适应性强，是良好的庭荫树和行道树，秋季色叶亮丽，可用于水岸和工矿区绿化。

C 水曲柳为何受到保护？

水曲柳是古老的孑遗植物，分布区虽然较广，但多为零星散生，且因砍伐过度，数量日趋减少，大树已不多见。分布区内仅个别地区建有自然保护区（如长白山自然保护区），多数地区尚无具体保护措施，同时水曲柳对于研究第三纪植物区系及第四纪冰川期气候具有科学意义。

奇数羽状

文冠果

植物小档案

植物“名牌”：文冠果（别名文冠木、文官果），无患子科文冠果属。

一眼认识你：落叶灌木或小乔木，高可达5米。小枝褐红色粗壮，叶连柄长可达30厘米，小叶对生，两侧稍不对称，顶端渐尖，基部楔形，边缘有锐利锯齿，两性花的花序顶生，雄花序腋生，直立，总花梗短，花瓣白色，基部紫红色或黄色，花盘的角状附属体橙黄色，花丝无毛，蒴果长达6厘米，种子黑色而有光泽。花期春季，果期秋季。

生于何方：分布于中国北部和东北部，西至宁夏、甘肃，东北至辽宁，北至内蒙古，南至河南。野生于丘陵山坡等处，各地也常栽培。

植物情报局

文冠果有何药用价值？

祛风除湿、消肿止痛。主风湿热痹、筋骨疼痛等症。

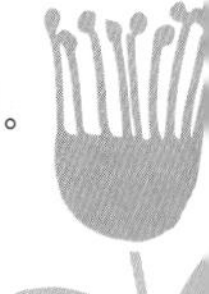

B 这种植物在园林绿化中有什么应用价值?

文冠果树姿秀丽，花序大，花朵稠密，花期长，甚为美观。可于公园、庭园、绿地孤植或群植。成龄文冠果根系发达，既扎得深，又分布广，根的皮层占91%，就像根的外面包着很厚的一层海绵一样，能充分吸收和贮存水分。是防风固沙、小流域治理和荒漠化治理的优良树种。

C 文冠果油可以吃吗?

文冠果油含有大量的不饱和脂肪酸，食之可预防和治疗动脉硬化症。经过加工，还可制成药物，对治疗高血脂、高血压、血管硬化和慢性肝炎均有明显的保健和治疗作用。文冠果除了可作为优质食用油外还是高级润滑油、油漆、增塑剂等产品的优质原料。文冠果树叶、树枝、树干的药用价值也很高，主要用于外敷治疗风湿性关节炎。

奇数羽状
银露梅

植物小档案

植物“名牌”：银露梅（别名银老梅、白花棍儿茶），蔷薇科委陵菜属。

一眼认识你：灌木，高可达2米。树皮纵向剥落。小枝红褐色，羽状复叶，叶柄被绢毛或疏柔毛，小叶片长圆形、倒卵长圆形或卵状披针形，两面绿色，托叶薄膜质，单花或数朵生于枝顶，花梗密被长柔毛或绢毛，萼片卵圆形，顶端急尖至短渐尖，花瓣白色，宽倒卵形，顶端圆钝，比萼片长；花柱近基生，瘦果褐棕色近卵形。花果期6～11月。

生于何方：分布于中国内蒙古、河北、山西、陕西、甘肃、青海、安徽、湖北、四川、云南。生于山坡草地、河谷岩石缝中、灌丛及林中，海拔1400～4200米处。朝鲜、俄罗斯、蒙古也有分布。

A 这种植物有哪些用途？

叶与果含鞣质，可提制栲胶。嫩叶可代茶叶饮用。花、叶入药，有健脾、化湿、清暑、调经之效。

B 这种植物在园林绿化中有什么应用价值？

银露梅花白色，耐寒性强，适合林缘种植或作为花境材料。

C 这种植物有哪些变种？

长瓣银露梅小叶披针形或长圆披针形，花较大，直径2.5～3厘米，萼片三角状披针形，顶端长渐尖，副萼片披针形或狭披针形，顶端渐尖，与萼片近等长，花瓣匙状倒卵长圆形，顶端圆钝，基部有长爪、比萼片长1倍。伏毛银露梅小叶上面伏生白色绢毛，下面疏被白色绢毛或脱落几无毛，花梗较粗，密被白色绢状柔毛。白毛银露梅小叶上面或多或少伏生柔毛，下面密被白色茸毛或绢毛。

D 金露梅与银露梅如何区别？

金露梅花黄色，银露梅花白色，区别明显。

奇数羽状
月季花

植物“名牌”：月季花（别名月月红、四季花），蔷薇科蔷薇属。

一眼认识你：直立半常绿灌木，高1～2米。小枝粗壮，圆柱形，近无毛，有短粗的钩状皮刺。小叶3～5，稀7，连叶柄长5～11厘米，小叶片宽卵形至卵状长圆形。花几朵集生，稀单生；花瓣重瓣至半重瓣，红色、粉红色至白色，倒卵形，先端有凹缺，基部楔形；花柱离生，伸出萼筒口外，约与雄蕊等长。果卵球形或梨形，长1～2厘米，红色，萼片脱落。花期4～9月，果期6～11月。

生于何方：中国是月季花的原产地之一。在中国主要分布于湖北、四川和甘肃等省的山区，尤以上海、北京、天津、南京、南阳、常州、郑州等市种植最多。

植物情报局

A 月季花在中国有着怎样特殊的地位？

中国的月季栽培有着两千多年的栽培历史，相传神农时代就有人把野月季挖回家栽植，汉朝时宫廷花园中已大量栽培，唐朝时更为普遍。月季秀美，姿色多样，四时常开，深受人们的喜爱，据不完全统计，中国有52个城市将他选为市花，1985年5月，月季被评为中国十大名花之第五位。

B 这种植物在园林绿化中有什么应用价值？

月季花在园林绿化中，有着不可或缺的价值，月季在南北园林中，使用最频繁的一种花卉。月季花是春季主要的观赏花卉，其花期长，观赏价值高，价格低廉，受到各地园林的喜爱。可用于园林布置花坛、花境、庭园花材，可制作月季盆景，作切花、花篮、花束等。月季因其攀援生长的特性，主要用于垂直绿化，在园林街景，美花环境中具有独特的作用。能构成赏心悦目的花

道和花柱，做成各种拱形、网格形、框架式架子供月季攀附，再经过适当的修剪整形，可装饰建筑物，成为联系建筑物与园林的巧妙“纽带”。

文学作品及典籍中提到过这种植物吗？

月季花为中国十大名花之一。月季被誉为“花中皇后”，而且有一种坚韧不屈的精神，花香悠远。原产中国，早在汉代就有栽培，唐宋以后更是栽种不绝，历来文人也留下了不少赞美月季的诗句。唐代著名诗人白居易曾有“晚开春去后，独秀院中央”的诗句，宋代诗人苏东坡诗云“花落花开无间断，春来春去不相关。牡丹最贵唯春晚，芍药虽繁只夏初。唯有此花开不厌，一年常占四时春”。北宋韩琦对它更是赞誉有加：“牡丹殊绝委春风，露菊萧疏怨晚丛。何以此花容艳足，四时长放浅深红。”

奇数羽状

紫藤

植物小档案

植物“名牌”：紫藤（别名藤萝、朱藤），豆科紫藤属。

一眼认识你：落叶藤本。茎右旋，枝较粗壮，嫩枝被白色柔毛，后秃净。奇数羽状复叶长15～25厘米；托叶线形，早落；小叶3～6对，纸质，卵状椭圆形至卵状披针形，上部小叶较大，基部1对最小。总状花序发自种植一年短枝的腋芽或顶芽，长15～30厘米，径8～10厘米，花序轴被白色柔毛；苞片披针形，早落；花长2～2.5厘米，芳香；花冠紫色，旗瓣圆形，先端略凹陷，花开后反折。荚果倒披针形，长10～15厘米，宽1.5～2厘米，密被茸毛，悬垂枝上不脱落。花期4月中旬至5月上旬，果期5～8月。

生于何方：原产中国，朝鲜、日本亦有分布。中国华北地区多有分布，以河北、河南、山西、山

东最为常见。华东、华中、华南、西北和西南地区均有栽培。中国南至广东，普遍栽培于庭园，以供观赏。

A 紫藤花可以吃吗？

在河南、山东、河北一带，人们常采紫藤花蒸食，吃起来清香味美。北京的“紫萝饼”和一些地方的“紫藤糕”“紫藤粥”等，都是加入了紫藤花做成的。

B 这种植物在园林绿化中有什么应用价值？

本种中国自古即栽培作庭园棚架植物，是优良的观花藤木植物，一般应用于园林棚架，春季紫花烂漫，别有情趣，适栽于湖畔、池边、假山、石坊等处，具独特风格，盆景也常用。

C 紫藤的花语是什么？

紫藤花语为为情而生，为爱而亡；醉人的恋情，依依的思念；沉迷的爱。

D 紫藤能长多大？

世界最大的紫藤位于美国加利福尼亚州，面积为4000米^2。日本栃木县足利公园有一棵144岁左右的紫藤，虽然它不是世界上最大的紫藤，但面积也足足有1990米^2。虽看起来像树，但它其实是藤蔓植物，茎秆具有缠绕性，需要用钢铁支架作为支撑。每到花开时节，一串串蝴蝶形状的花朵垂直向下，犹如紫色瀑布一般，壮丽迷人、如梦如幻。

奇数羽状复叶槭

植物小档案

植物“名牌”：复叶槭（别名糖槭、梣叶槭），槭树科槭树属。

一眼认识你：落叶乔木，最高达20米。羽状复叶，长10～25厘米，有3～7（稀9）枚小叶；小叶纸质，卵形或椭圆状披针形。雄花的花序聚伞状，雌花的花序总状，均由无叶的小枝旁边生出，常下垂，花梗长约1.5～3厘米，花小，黄绿色，开于叶前，雌雄异株，无花瓣及花盘，雄蕊4～6，花丝很长，子房无毛。小坚果凸起，近于长圆形或长圆卵形，无毛，翅宽8～10毫米，稍向内弯，连同小坚果长3～3.5厘米，张开成锐角或近于直角。花期4～5月，果期9月。

生于何方：原产北美洲。近百年内始引种于中国，在辽宁、内蒙古、河北、山东、河南、陕西、甘肃、新疆，江苏、浙江、江西、湖北等省区的各主要城市都有栽培。在东北和华北各省市生长较好。

植物情报局

A 复叶槭有何习性?

复叶槭喜光，喜干冷气候，暖湿地区生长不良，耐寒、耐旱、耐干冷、耐轻度盐碱、耐烟尘。生长迅速。

B 这种植物在园林绿化中有什么应用价值?

复叶槭枝直茂密，入秋叶呈金黄色，作庭荫树，行道树，同时本种早春开花，花蜜很丰富，是很好的蜜源植物，也可用于绿化城市或厂矿。

C 复叶槭如何繁殖?

一般用播种繁殖，也可嫁接，嫁接时砧木应选4～5年生稍大一点的实生苗。移植应带土坨，以保证成活。

D 复叶槭有哪些栽培品种?

复叶槭有许多彩叶品种，除金叶复叶槭外，其变种还有粉叶复叶槭、银边复叶槭、花叶复叶槭等。

奇数羽状
阔叶十大功劳

植物"名牌"：阔叶十大功劳（别名土黄连、刺黄柏），小檗科十大功劳属。

一眼认识你：常绿灌木或小乔木，高可达2米。叶长圆形，上面深绿色，叶脉显著，背面淡黄绿色，网脉隆起，小叶无柄，基部一对小叶倒卵状长圆形，总状花序簇生，长5～6厘米；芽鳞卵状披针形，苞片阔披针形，花亮黄色至硫黄色；外萼片卵形，花瓣长圆形，花柱极短，胚珠2枚。浆果倒卵形，蓝黑色，微被白粉。花期3～5月，果期5～8月。

生于何方：产于中国浙江、安徽、江西、福建、湖南、湖北、陕西、河南、广东、广西、四川等地。该种在日本、墨西哥、美国温暖地区以及欧洲等地已广为栽培。在美国东部似已成为归化植物。生于阔叶林、竹林、杉木林及混交林下、林缘，草坡，溪边、路旁或灌丛中。海拔500～2000米。

植物情报局

A 阔叶十大功劳有什么功效?

花性凉，味甘。根、茎性寒，味苦。含小檗碱、药根碱、木兰花碱等。有清热解毒、止咳化痰之功效。对金黄色葡萄球菌、痢疾杆菌、大肠菌有抑制作用。主治细菌性痢疾、胃肠炎、传染性肝炎、支气管炎、咽喉肿痛、结膜炎、烧伤、烫伤等症。

B 阔叶十大功劳在园林绿化中如何应用?

阔叶十大功劳四季常绿，树形雅致，枝叶奇特，花色秀丽，开黄色花，果实成熟后呈蓝紫色，叶形秀丽尖有刺，叶色艳美，可用作园林绿化和室内盆栽观赏。由于其枝叶奇巧、花黄果紫，用于园林绿化点缀显得既别致又富有特色。阔叶十大功劳栽在房前屋后，白粉墙前视觉调和，在庭院、园林围墙下作为基础种植，颇为美观。选择粗大的植株，进行截干促萌，可形成根、叶、花、果兼美的树桩盆景。在园林中可植为绿篱。在果园、菜园的四角可作为境界林，作盆栽配植于门厅入口处、会议室、招待所、会客厅，清幽可爱。栽植池、池边、山石旁，青翠欲滴，十分典雅。作为切花更为独特。总之，阔叶十大功劳以独特的风采招人观赏，不管是叶、干、植株都能引人注目，外观形态雅致，是观赏花木中的珍贵者。

掌状复叶
七叶树

植物小档案

植物“名牌”：七叶树（别名开心果、猴板栗），七叶树科七叶树属。

一眼认识你：落叶乔木，高达25米。树皮深褐色或灰褐色，小枝、圆柱形，黄褐色或灰褐色，有淡黄色的皮孔。冬芽大形，有树脂。掌状复叶，由5～7小叶组成，上面深绿色，无毛，下面除中肋及侧脉的基部嫩时有疏柔毛外，其余部分无毛。花序圆筒形，花序总轴有微柔毛，小花序常由5～10朵花组成，平斜向伸展，有微柔毛。花杂性，雄花与两性花同株，花萼管状钟形，花瓣4，白色，长圆倒卵形至长圆倒披针形。果实球形或倒卵圆形，黄褐色，无刺，具很密的斑点。种子常1～2粒发育，近于球形，栗褐色；种脐白色，约占种子体积的1/2。花期4～5月，果期10月。

生于何方：中国黄河流域及东部各省均有栽培，仅秦岭有野生。自然分布在海拔700米以下之山地，在黄河流域该种系优良的行道树和庭园树。

A 七叶树果实有毒吗？

七叶树的果实含有大量的皂角苷，叫作七叶树素，是破坏红血球的有毒物质，但有的动物例如鹿和松鼠可以抵御这种毒素食用七叶树的果实。七叶树由于其花蜜中也含有毒素可以造成某些种类的蜜蜂中毒，但当地土生的蜜蜂可以抵御这种毒素。这种毒素不耐高温，经蒸煮后种子中的淀粉可以被食用。中国七叶树的种子是一种中药，名为娑罗子，所以有时中国七叶树也被称为娑罗树。

B 这种植物在园林绿化中有什么应用价值？

七叶树树干耸直，冠大荫浓，初夏繁花满树，硕大的白色花序又似一盏华丽的烛台，蔚然可观，是优良的行道树和园林观赏植物，可作人行步道、公园、广场绿化树种，既可孤植也可群植，或与常绿树和阔叶树混种。在欧美、日本等地将七叶树作为行道树、庭荫树广泛栽培，北美洲将红花或粉花及重瓣七叶树园艺变种种在道路两旁，花开之时风景十分美丽。

C 七叶树国外有哪些近亲？

七叶树属约30余种，主要分布于北温带，国外有欧洲七叶树、日本七叶树等，都是著名风景树种。

掌状复叶

三叶地锦

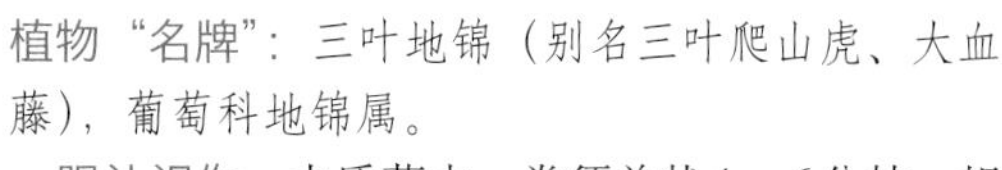

植物“名牌”：三叶地锦（别名三叶爬山虎、大血藤），葡萄科地锦属。

一眼认识你：木质藤本。卷须总状4～6分枝，相隔2节间断与叶对生，顶端嫩时尖细卷曲，后遇附着物扩大成吸盘。叶为3小叶，着生在短枝上，中央小叶倒卵椭圆形或倒卵圆形，长6～13厘米，宽3～6.5厘米，顶端骤尾尖，基部楔形，最宽处在上部，边缘中部以上每侧有6～11个锯齿，侧生小叶卵椭圆形或长椭圆形。多歧聚伞花序着生在短枝上，花序基部分枝，主轴不明显。果实近球形，直径0.6～0.8厘米，有种子1～2颗。花期5～7月，果期9～10月。

生于何方：产于中国甘肃、陕西、湖北、四川、贵州、云南、西藏等地。生山坡林中或灌木丛，

海拔500～3800米。缅甸、泰国、印度也有分布。

A 三叶地锦在园林绿化中如何应用？

三叶地锦叶大而密、叶形美丽、攀缘能力很强、生长势旺，可以大面积地在墙面上攀缘生长，在短期内能形成浓荫。常用作垂直绿化和美化高层建筑物、假山、公园棚架、高大树木以及围墙等，尤其适宜于高层建筑物的墙体绿化和美化，也可用作地面覆盖材料，秋季叶色红艳，别具一格。用三叶地锦覆盖墙面，可以增强墙面的保温隔热能力，并能大大减少噪音的干扰。在北方园林应用中，常用其与五叶地锦混合栽植，攀缘与绿化效果更好。

B 三叶地锦与异叶地锦如何区别吗？

三叶地锦常与异叶地锦相混，但三叶地锦嫩枝卷须顶短细尖微弯曲而不膨大，小叶边缘锯齿粗大，叶下面脉上被短柔毛，可以区别；在栽培条件下观察本种，春季抽出绿色芽，与其他3小叶类具有红色或淡红色芽的种类也大不相同。

掌状复叶

华北耧斗菜

植物小档案

植物“名牌”：华北耧斗菜（别名五铃花、紫霞耧斗），毛茛科耧斗菜属。

一眼认识你：多年生草本，根圆柱形，粗约1.5厘米。茎高40～60厘米，有稀疏短柔毛和少数腺毛，上部分枝。基生叶数个，有长柄，为一或二回三出复叶；叶片宽约10厘米；小叶菱状倒卵形或宽菱形，长2.5～5厘米，宽2.5～4厘米，三裂，边缘有圆齿，表面无毛，背面疏被短柔毛；叶柄长8～25厘米。茎中部叶有稍长柄，通常为二回三出复叶，宽达20厘米；上部叶小，有短柄，为一回三出复叶。花序有少数花，密被短腺毛；苞片三裂或不裂，狭长圆形；花下垂；萼片紫色，狭卵形，长1.6～2.6厘米，宽7～10毫米；花瓣紫色，瓣片长1.2～1.5厘米，顶端圆截形，距长1.7～2厘米，末端钩状内曲，外面有稀疏短柔毛；雄蕊长达1.2厘米，退化雄蕊长约5.5毫米；心皮5，子房密被短腺毛。蓇葖长1.2～2厘米，隆起的脉网明显；种子黑色，狭卵球形，长约2毫米。花期5～6月。

生于何方：分布于中国四川东北部（青川）、陕西南部、河南西部（嵩县）、山西、山东、河北和辽宁西部等地。生于山地草坡或林边。

A 这种植物可以吃吗？

华北耧斗菜的嫩茎、叶营养丰富可食用，新鲜的根可制作饴糖，也可酿酒；种子油可作机械润滑油。华北耧斗菜营养丰富，含17种人体所需的氨基酸和多种营养元素。华北耧斗菜氨基酸含量高于大白菜、菠菜、红枣、核桃。蛋白质高于大白菜、红枣、核桃，与菠菜含量接近。胡萝卜素低于菠菜，而高于大白菜、红枣、核桃，其他营养成分含量也较高，并且具有补虚调肝、理气止痛之功效。

B 这种植物在园林绿化中有什么应用价值？

华北耧斗菜较耐寒，喜半阴、湿润而排水良好的沙质壤土。其叶形秀丽，花冠有弯曲的花距，花姿独特，花期长，是良好的绿化、观赏植物。耧斗菜属植物花色艳丽，花朵整齐一致，花梗长，符合作为切花的标准，可作为切花生产，还可作为盆栽花卉生产。栽培品种花大色艳，既可观花又可观叶，可盆栽观赏，观赏效果极佳。在城市生态园林中可配植于灌木丛间及林缘，还可用作花坛、花境及岩石园的栽植材料。

C 耧斗菜的花语是什么？

花语为胜利、奋战到底。

近似种：拟耧斗菜

爱园艺
爱生活